Hans R. Kricheldorf

Freiburger Warenwelt um 1900

Geschäftsleben und Industrie in der Gründerzeit

HANS R. KRICHELDORF

Freiburger Warenwelt um 1900

Geschäftsleben und Industrie in der Gründerzeit

rombach verlag

Umschlag, Layout und Satz: post scriptum, Hüfingen / Vogtsburg-Burkheim
Herstellung: Hofmann Druck, Emmendingen
Printed in Germany
ISBN 978-3-7930-5157-2

INHALT

Für meine Heimatstadt Freiburg i. Br.,
der ich eine ereignisreiche Jugend und
eine erfolgreiche Universitätskarriere verdanke.

VORWORT & DANK

DAS VORLIEGENDE BUCH ist vor allem ein »Bilderbuch«, das den Leser anhand von Rechnungsformularen in die Zeit vor dem Ersten Weltkrieg zurückversetzen möchte. Warum gerade Rechnungsformulare? Aus verschiedenen Gründen entwickelten sich die Rechnungsformulare Freiburger Firmen und Geschäfte (und natürlich auch von Firmen in anderen Städten) hinsichtlich inhaltlicher wie künstlerischer Gestaltung in der Zeit von 1885 bis 1915 zu einer Blüte, die es vorher und nachher nicht gegeben hat. Einerseits fehlte es vor dieser kurzen Periode Bürgern wie der Geschäftswelt noch an Geld und wirtschaftlicher Dynamik. Andererseits folgte auf den Ersten Weltkrieg eine Hyperinflation, die spanische Grippe mit weltweit mehr als 20 000 Toten, Jahre mit wirtschaftlicher Depression und nicht zuletzt der Siegeszug der Registrierkassen. Die hier gezeigten Rechnungen sind daher ein Charakteristikum der späten Gründerzeit, das einen vielseitigen Einblick in die Geschäftswelt und den Alltag der Freiburger Bürger gibt.

Mein Dank gilt Bernd Krückmann (Freiburg i. Br.) für das Aufspüren und Überlassen eines alten Koffers mit vielen Rechnungen Freiburger Geschäfte aus der Zeit vor dem Ersten Weltkrieg. Ferner bedanke ich mich bei Dr. Norbert Czerwinski (Karlsruhe) für die digitale Aufbereitung der Rechnungen sowie bei Dr. Torang Sinaga und dem Rombach Verlag für die Drucklegung dieses Buches.

Hans R. Kricheldorf

Herm. Dietlicher
Kunsthandlung
Nachf. Alfred Ruf
Freiburg i. Br.
Nr. 33 Kaiserstrasse Nr. 33

Wechselnde Ausstellung
graphischer und plastischer
Kunstwerke.
Modernes Kunstgewerbe:
Stickereien o Keramik
Kunstschmiede-Arbeiten.

« « « « « « Rahmenfabrikation mit elekt. Kraftbetrieb. » » » » » »

Fol. Str. 478
Deb.-B.

FREIBURG i. Br., 1. 10 1909

Hochwohlgeb.
Hochwohllöbl. Herrn Prof. v. Schultze-Gaevernitz

empfangen [illegible]str. 9

				M	Pf
09. 6. 25		1 Bild verpackt		1	20

Betrag dankend quittirt.
Freiburg i. Br., den 29. 11. 19
Herm. Dietlicher Nachf.
Alfred Ruf.
M Schillinger

Kisten und Emballagen werden bei franco Rücksendung des berechneten Betrages mit 2/3 gutgeschrieben.
Rechnung erfolgt mit der Ware, sowie vierteljährlich. Preise rein netto ohne Abzug.

1 EINLEITUNG

DIE ORIGINALRECHNUNGEN, DIE den Abbildungen dieses Buches zugrunde liegen, entstammen der Sammlung des Autors, die aus ca. 500 verschiedenen Belegen besteht. Wann immer der Autor Teile dieser Sammlung einem Freund oder Bekannten zeigte, wurde er mit der Frage konfrontiert, wie es denn möglichgewesen sei, eine solche Sammlung zusammenzutragen. Rechnungen sind ja eher triviale Begleiterscheinungen des täglichen Lebens und werden, wenn nicht gleich, dann spätestens nach wenigen Jahren weggeworfen. Da sich die Frage nach dem Ursprung einer solchen Sammlung vermutlich auch Lesern dieses Buches stellt, soll sie gleich zu Anfang beantwortet werden.

Die Sammlung verdankt ihre Entstehung einem doppelten Zufall: Der erste Zufall ergab sich dadurch, dass ein Jugendfreund des Autors, zu dessen Hobbys es gehört, Flohmärkte (hinsichtlich ihres Angebotes

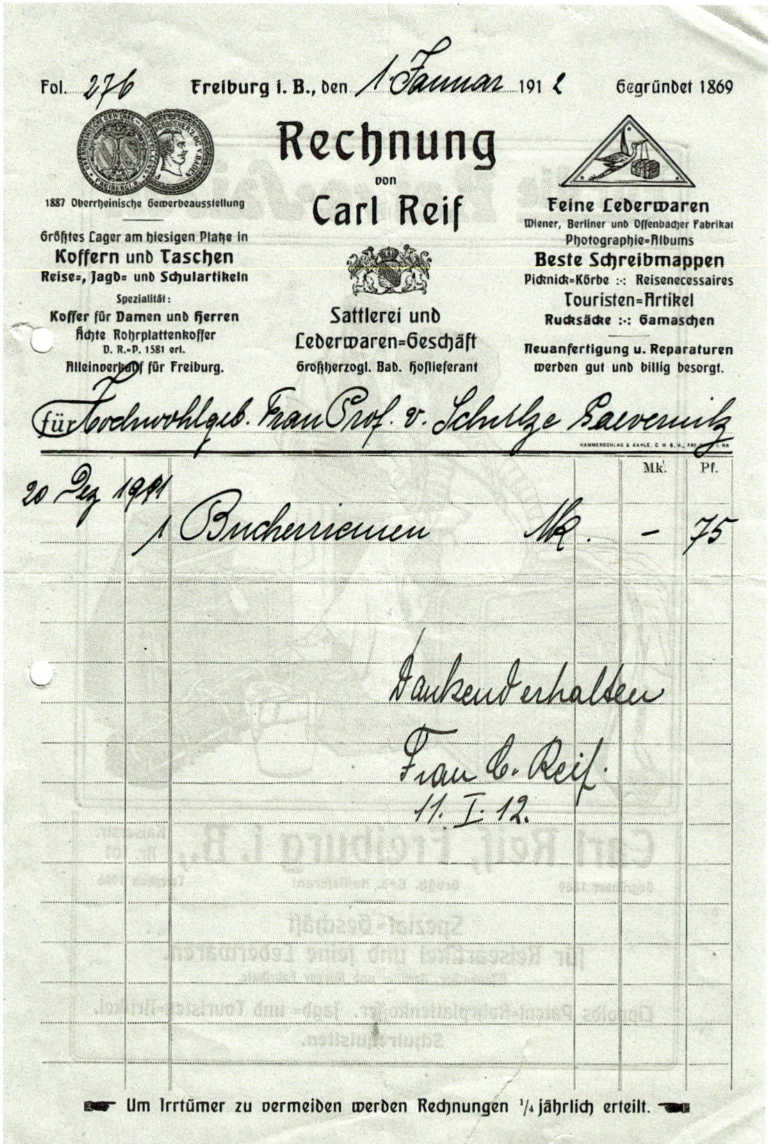
Fol. 276 Freiburg i. B., den 1 Januar 1912 Gegründet 1869

Rechnung

von

Carl Reif

1887 Oberrheinische Gewerbeausstellung

Größtes Lager am hiesigen Platze in

Koffern und Taschen

Reise-, Jagd- und Schulartikeln

Spezialität:

Koffer für Damen und Herren

Ächte Rohrplattenkoffer

D. R.-P. 1581 ert.

Alleinverkauf für Freiburg.

Sattlerei und

Lederwaren-Geschäft

Großherzogl. Bad. Hoflieferant

Feine Lederwaren

Wiener, Berliner und Offenbacher Fabrikat

Photographie-Albums

Beste Schreibmappen

Picknick-Körbe :-: Reisenecessaires

Touristen-Artikel

Rucksäcke :-: Gamaschen

Neuanfertigung u. Reparaturen

werden gut und billig besorgt.

für Hochwohlgeb. Frau Prof. v. Schultze Gaevernitz

		Mk.	Pf.
20 Dez 1911	1 Bücherriemen Mk.	–	75

Dankend erhalten

Frau C. Reif.

11. I. 12.

Um Irrtümer zu vermeiden werden Rechnungen 1/4 jährlich erteilt.

an Gemälden und Zeichnungen) zu inspizieren, einen alten, schäbigen, braunen Koffer für wenig Geld auf einem Flohmarkt erstand. Er machte diesen Kauf in der Erwartung, dem Autor einen Gefallen zu tun. Er wusste, dass der Autor »Freiburgensien« und Dokumente zur Geschichte seiner Heimatstadt sammelte. Der Koffer enthielt neun beschädigte, modrig riechende Leitz-Ordner voller systematisch geordneter Rechnungen der Familie von Schulze-Gaevernitz aus der Zeit von 1907 bis 1917.

Der zweite Zufall bestand darin, dass die Familie von Schulze-Gaevernitz hinsichtlich ihres Vermögens und Einkommens wie auch ihrer Rolle im öffentlichen Leben Freiburgs eine überdurchschnittliche Stellung einnahm (siehe Biographie am Ende von Kapitel 4). Das lag zum einen daran, dass der Familienvorstand, Dr. Gerhart von Schulze-Gaevernitz, Professor der Freiburger Universität und ein über die Grenzen Deutschlands hinaus bekannter Ökonom war. Zum andern war er

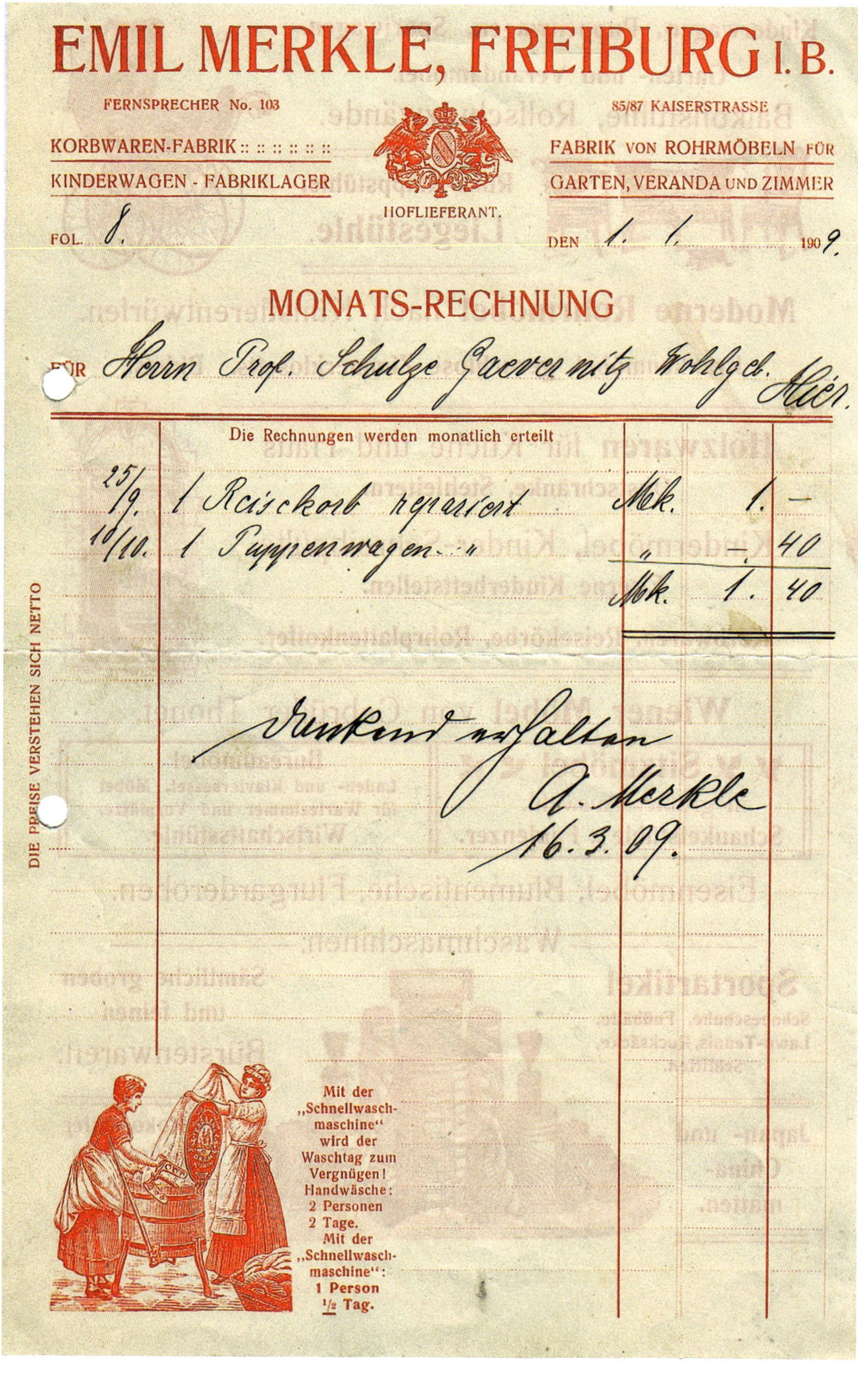

EMIL MERKLE, FREIBURG I. B.

FERNSPRECHER No. 103 — 85/87 KAISERSTRASSE

KORBWAREN-FABRIK — FABRIK VON ROHRMÖBELN FÜR

KINDERWAGEN - FABRIKLAGER — GARTEN, VERANDA UND ZIMMER

HOFLIEFERANT.

FOL. 8. — DEN 1. 1. 1909.

MONATS-RECHNUNG

FÜR Herrn Prof. Schulze Gaevernitz Wohlgeb. Hier.

Die Rechnungen werden monatlich erteilt

25/9.	1 Reisekorb repariert	Mk.	1.–
10/10.	1 Puppenwagen "	"	–.40
		Mk.	1.40

Dankend erhalten
A. Merkle
16.3.09.

DIE PREISE VERSTEHEN SICH NETTO

Mit der „Schnellwaschmaschine" wird der Waschtag zum Vergnügen! Handwäsche: 2 Personen 2 Tage. Mit der „Schnellwaschmaschine": 1 Person ½ Tag.

Kinderwagen, Puppenwagen, Sportwagen.
Garten- und Verandamöbel.
Balkonstühle, Rollschutzwände.
Ruhe-Klappstühle,
Liegestühle.
Moderne Rohrmöbel nach Künstlerentwürfen.
Krankenmöbel, geruchlose Zimmerklosetts. Bidets.
Holzwaren für Küche und Haus
Obstschränke, Stehleitern.
Kindermöbel, Kinder-Schreibpulte
Eiserne Kinderbettstellen.
Korbwaren, Reisekörbe, Rohrplattenkoffer.
Wiener Möbel von Gebrüder Thonet.

Sitzmöbel in größter Auswahl. Schaukelstühle :: Faulenzer.	Bureaumöbel Laden- und Klaviersessel, Möbel für Wartezimmer und Vorplätze. Wirtschaftsstühle.

Eisenmöbel, Blumentische, Flurgarderoben.
Waschmaschinen.
Sportartikel
Schneeschuhe, Fußbälle, Lawn-Tennis, Rucksäcke, Schlitten.
Japan- und China-matten.
Sämtliche groben und feinen Bürstenwaren.
Kokosläufer Türmatten Veranda-Teppiche.

Vertrieb erster Fabrikate

Strumpfwaren	Schürzen Jupons
Unterzeuge	Strickgarne
Dr. Lahmann, Prof. Dr. Jäger, Crêpe de Santé	Anstrick- und Anwirkarbeiten werden bestens besorgt
— Combinations- —	Kurzwaren
Reformbeinkleider	Stickereien
Turnbeinkleider	Klöppelspitzen

Triftige Gründe bestimmen den Klugen, bei Anschaffung von Leibwäsche immer wieder auf die seit mehr als 24 Jahren als **gesündeste, beste, haltbarste,** im Gebrauch **billigste, bewährte, allein echte**

Dr. Lahmann-Unterkleidung für Herren, Damen wie Kinder aus der alleinigen Fabrik von **H. Heinzelmann in Reutlingen**

zurückzugreifen. Denn sie ist luftdurchlässig, dehnbar, weich, angenehm, schmiegsam, reizt die Haut nicht, begünstigt vielmehr die Ausscheidung schädlicher Stoffe durch die Haut. Sie verursacht ungemein wohliges Behagen, läuft absolut nicht ein, ist fast unverwüstlich und sehr preiswert.

Sie übt infolge ihrer Eigenschaften einen dauernd günstigen und erfolgreichen Einfluss auf das körperliche Wohlbefinden aus und wird daher von den Ärzten als vorbeugender Heilfaktor empfohlen. In **naturfarbig und weiss** in einfachen bis feinsten Ausführungen erhältlich :: **Reich illustrierter Katalog und Stoffmuster gratis.**

Strumpfwarenhaus

Albert Klingele, Freiburg i. B.

Inh.: E. Klingele und H. Pfender

Rechnung für Hochwohlgeboren

Frau Schulze von Saevernitz

Schwaighofstr 9

Folio 90 Datum 30. Juli 1910

3 m Litzen	-06	-.18
1 Brief Stecknadeln	-20	-.20
	M	-.38

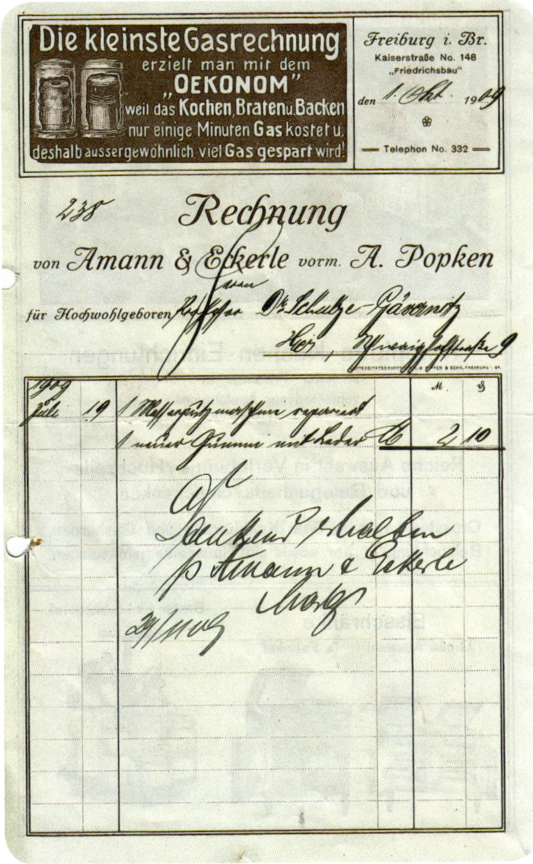

Die kleinste Gasrechnung erzielt man mit dem „OEKONOM" weil das Kochen, Braten u. Backen nur einige Minuten Gas kostet u. deshalb aussergewöhnlich viel Gas gespart wird!

Freiburg i. Br. Kaiserstraße No. 148 „Friedrichsbau"

den 1. Okt. 1909

Telephon No. 332

238 Rechnung

von Amann & Eckerle vorm. A. Popken

für Hochwohlgeboren

Telefon 332

Fol. 238 Freiburg i. Br., 1. Oktober 1910

Henkels Stahlwaren und Bestecke. Rein-Aluminium- und Rein-Nickel-Geschirre.

Berndorfer Alpacca u. Alpacca-Silber. Sämtliche Haushaltungs-Maschinen.

Alleinverkauf der besten Emaillesparkochherde von Küppersbusch & Söhne Gelsenkirchen größte Herdfabrik der Welt.

Rechnung

von Amann & Eckerle vormals A. Popken

Kaiserstrasse 148 „Friedrichsbau"

für Hochwohlgeboren

Dankend erhalten

politisch aktiv und im Jahre 1911 Kandidat der linksliberalen *Fortschrittlichen Volkspartei* für die Wahl in den Reichstag. Wie jeder Politiker in einer Demokratie musste er auf Stimmenfang gehen und Imagepflege betreiben, zumal die konservative, von katholischen Wählern bevorzugte Partei, die *Zentrumspartei,* der stärkere Gegner war. Zur Wählerschaft des liberalen Lagers, zu dem auch die Nationalliberalen zählten, gehörten zahlreiche mittelständische Unternehmen, Kleinstbetriebe und Geschäftsleute.

Nun gab es vor dem Ersten Weltkrieg für Geschäftsleute und Politiker nur relativ wenige Medien, mit deren Hilfe man Werbung in eigener Sache und Imagepflege betreiben konnte. Nicht nur Internet und Fernsehen lagen in weiter Ferne, sondern auch das Radio gab es noch nicht und Kinos waren noch nicht weit verbreitet. Druckerzeugnisse wie Zeitungen, Zeitschriften, Flugblätter waren neben der Litfaßsäule die einzigen Werbeträger. Daher ist es nicht ganz überraschend, dass in der

Telegramm-Adresse: Holzhauer Freiburg Baden.
Telephon №122.

J. Holzhauer

Fürstl. Hohenz. Hof Lieferant.

Geflügelmästerei Egonstr. 24.

Frische See & Flussfische
Wildbret & Geflügel
zu jeder Jahreszeit.
CONSERVEN
en gros-en detail.

FREIBURG i. B.
Ringstrasse

den 22/11. 1897

RECHNUNG

für Herrn Mayer Hügelheim

Netto comptant. Erfüllungsort ist Freiburg.

J.H.
No

Sandte Ihnen für Ihre werthe Rechnung & Gefahr

			M	Pf.
per	1 Korb Eispackung		„	60
12,3	Salm	120	14	76
4	Enten	310	12	40
	Marke		.	40
			28	16
	ab 1 Ente & Korb		3	70
			24	46

Dankend empfangen
Freiburg i. B., den 9 DEC.
für J. Holzhauer.

Kochkunst-Ausstellung Berlin 1896 Ehrendiplom und goldene Medaille für Mastgeflügel.
" " Baden-Wien " " " mit Krone " "

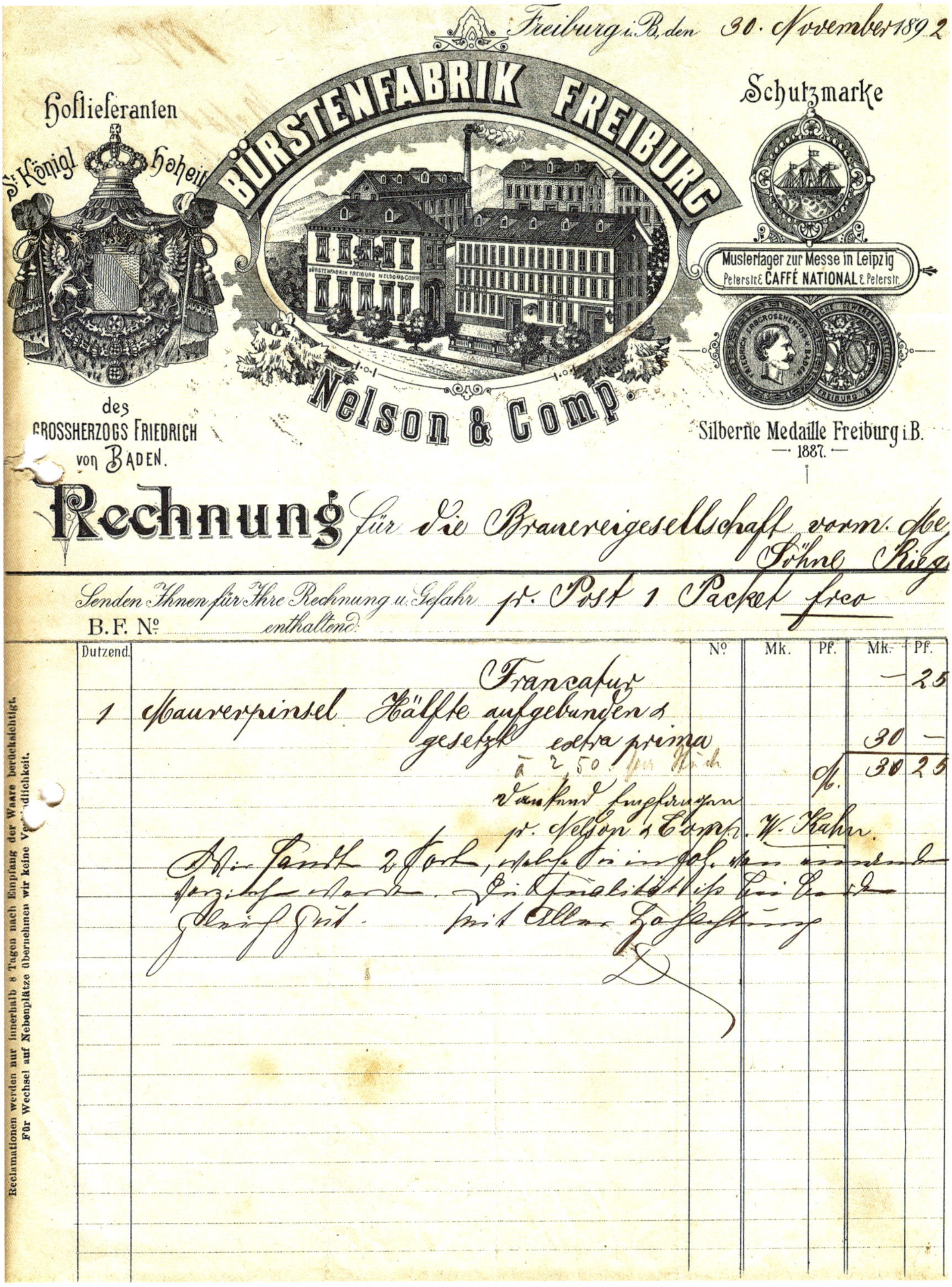

Freiburg i. B., den 30. November 1892

Hoflieferanten Sr. Königl. Hoheit des Grossherzogs Friedrich von Baden.

BÜRSTENFABRIK FREIBURG

Nelson & Comp.

Schutzmarke

Musterlager zur Messe in Leipzig Petersstr. 8 CAFFÉ NATIONAL 8. Petersstr.

Silberne Medaille Freiburg i. B. 1887.

Rechnung für die Brauereigesellschaft vorm. Me[illegible] Söhne Rieg[illegible]

Senden Ihnen für Ihre Rechnung u. Gefahr pr. Post 1 Packet frco enthaltend

B. F. No

Dutzend		No	Mk.	Pf.	Mk.	Pf.
	Francatur				—	25
1	Maurerpinsel Hälfte aufgebunden & gesetzt extra prima				30	—
	à 2,50 per Stück			M.	30	25

Dankend empfangen pr. Nelson & Comp. W. Kahn

[illegible] mit aller Hochachtung

Reclamationen werden nur innerhalb 8 Tagen nach Empfang der Waare berücksichtigt.
Für Wechsel auf Nebenplätze übernehmen wir keine Verbindlichkeit.

Gründerzeit mehr und mehr Firmen und Geschäfte auch Rechnungsformulare als Werbeträger entdeckten.

Bei der Durchsicht der Rechnungsbelege aus der Zeit vor 1918 stellte sich nun heraus, dass die Familie von Schulze-Gaevernitz bei etwa 300 Freiburger Geschäften und Gewerbetreibenden Kunde gewesen war – eine ungewöhnlich hohe Zahl. Möglicherweise hat Frau von Schulze-Gaevernitz, auf die fast alle Rechnungen ausgestellt wurden, das Unterhalten möglichst vieler Geschäftskontakte als Strategie verwendet, um den Bekanntheitsgrad ihrer Familie zu erhöhen und für die politischen Ziele sowie für die politische Karriere ihres Mannes zu werben.

Die Durchsicht der vielen Rechnungen ergab aber auch, dass neben der Mehrheit unscheinbarer Formulare ein erheblicher Anteil moderat bis verschwenderisch ausgeschmückter Rechnungsvordrucke vorhanden war. Zahlreiche Geschäfte und Firmen nutzten ihre Rechnungsformulare zur Werbung für ihre Produkte und Dienstleistungen. Diese Entwicklung setzte etwa ab 1880 mit einer wirtschaftlichen Blüte im Kaiserreich ein, in deren Gefolge der Durchschnitt der Bevölkerung und damit auch der Geschäfte, Handwerker und Industriefirmen steigende Einkommen verzeichneten. Rechnungsvordrucke, die nicht selten das Format von DIN-A4-Seiten hatte, wurden nun zum Vehikel für die Selbstdarstellung von allen Arten von Gewerbetreibenden. Dazu kam, dass zwei Drucktechniken für eine preiswerte Vervielfältigung von bildlichen und ornamentalen Darstellungen zur Verfügung standen: Lithographie (Steindruck) und Stahlstich. Die Lithographie wurde vor allem eingesetzt, um ornamentale Ausschmückungen zu vervielfältigen – besonders beliebt waren Jugendstilmotive. Der Stahlstich eignete sich für präzise Darstellungen.

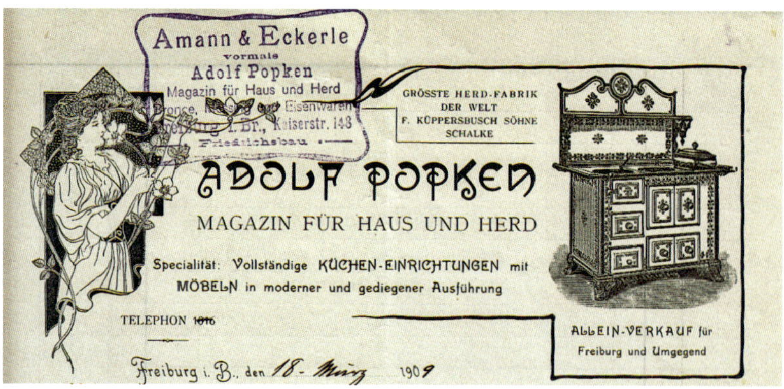

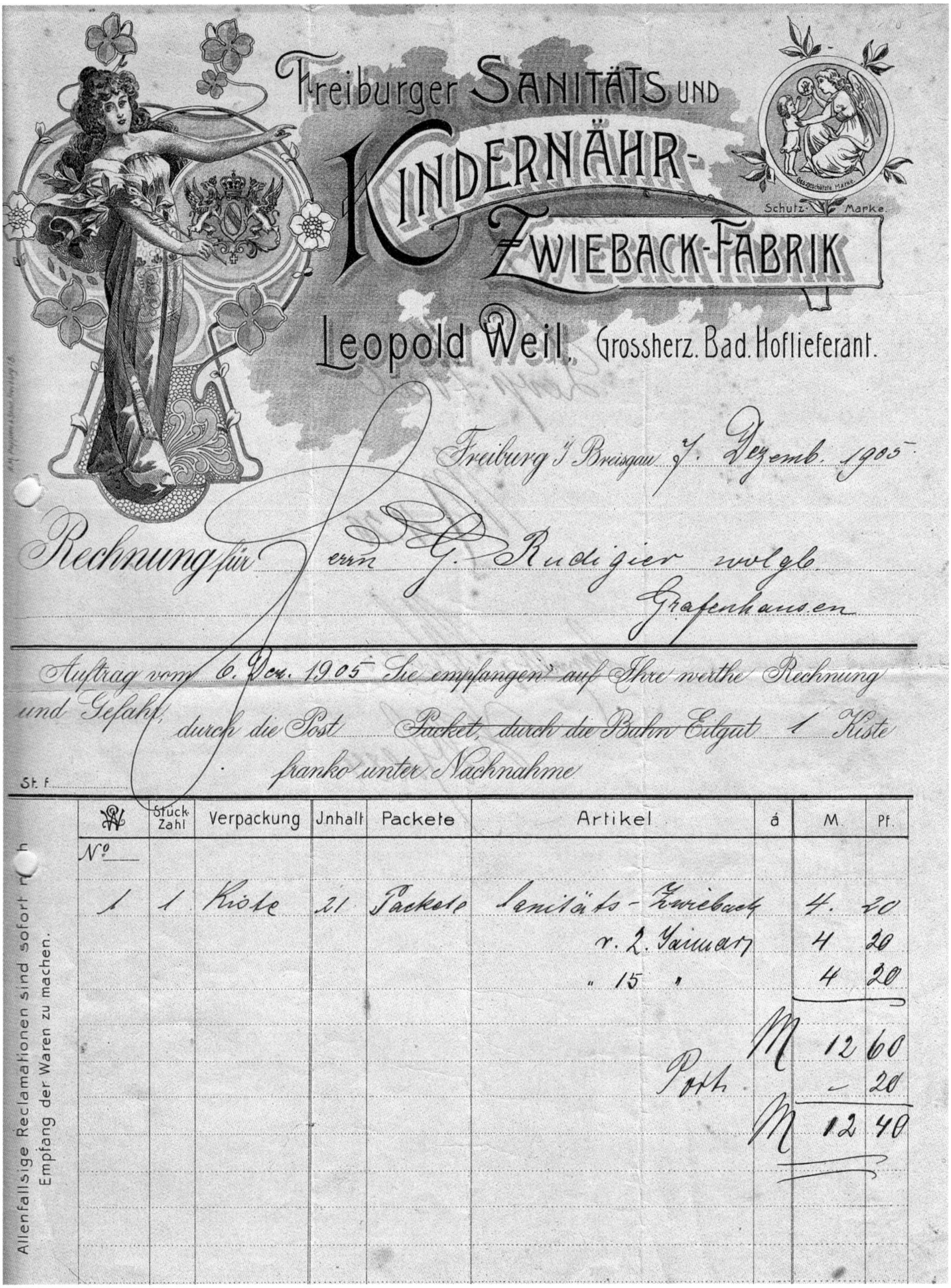

Freiburger Sanitäts und Kindernähr-Zwieback-Fabrik

Leopold Weil, Grossherz. Bad. Hoflieferant.

Schutz-Marke

Freiburg i/Breisgau 7. Dezemb. 1905

Rechnung für Herrn G. Rudigier wolgb.
Grafenhausen

Auftrag vom 6. Dez. 1905 Sie empfangen auf Ihre werthe Rechnung und Gefahr, durch die Post ~~Packet, durch die Bahn Eilgut~~ 1 Kiste franko unter Nachnahme

St. F.

LW	Stück-Zahl	Verpackung	Jnhalt	Packete	Artikel	á	M.	Pf.
No								
1	1	Kiste	21	Packete	Sanitäts-Zwieback		4.	20
					v. 2. Januar		4	20
					„ 15. „		4	20
						M	12	60
					Porto		–	20
						M	12	40

Allenfallsige Reclamationen sind sofort nach Empfang der Waren zu machen.

Graphisch gestaltete Rechnungsformulare wurden daher von Firmeninhabern in vielerlei Hinsicht als Informationsträger benutzt:

- Vorstellung von Produkten und Dienstleistungen,
- Bildliche Darstellung des Geschäftshauses oder Firmensitzes,
- Teilnahme an Gewerbeausstellungen, Industriemessen oder die Bekanntgabe einer Ehrung,
- Benennung vom Großherzoglich Badischen Hof als »Hoflieferant«,
- Bekanntgabe des Telefonanschlusses, der zu dieser Zeit keine Selbstverständlichkeit war.

Die optisch sehr ansprechenden und informativen Rechnungsexemplare veranlassten den Autor in den Jahren nach Erhalt des Koffers mit Rechnungen der Familie von Schulze-Gaevernitz nach weiteren Abrechnungsbelegen aus anderen Quellen Ausschau zu halten, insbesondere nach Exemplaren mit ansprechender graphischer Gestaltung. Es stellte sich heraus, dass bei Antiquariaten und Sammlern historischer Dokumente nur Rechnungsformulare aus fünf weiteren Quellen vorhanden waren, z. B. Rechnungen, die von der Riegler Brauerei (Inhaber: Meier & Söhne) bezahlt worden waren.

Die solchermaßen erweiterte Sammlung liefert nun nicht nur Informationen über die vielseitigen Aktivitäten der Freiburger Geschäftswelt, sondern gibt auch einen interessanten Einblick in den Alltag der damaligen Bewohner. Die Rechnungen enthalten ja nicht nur Aufzählungen zahlreicher Waren und Dienstleistungen, sondern sie informieren den Leser auch über die Preise, die damals bezahlt werden mussten. Das überdurchschnittliche Einkommen der Familie von Schulze-Gaevernitz und deren Einkäufe geben einen Überblick über Waren und Dienstleistungen aller Art, vom Brotlaib bis zum Seidenkleid, vom Stundenlohn eines Maurers bis zur Reparatur eines Pelzkragens. Im letzten Kapitel wird diesem interessanten und teils auch amüsanten Aspekt in Form fiktiver Einkaufsgänge der Frau von Schulze-Gaevernitz Rechnung getragen.

2 Wirtschaft und Bevölkerung zwischen 1815 und 1915

Zwischen 1677 und 1744 hatten französische Truppen Freiburg dreimal belagert und auch erobert. Die unzureichende Ausstattung der Verteidiger mit Soldaten Waffen und Munition durch die Habsburger Regierung hatte an den französischen Erfolgen einen entscheidenden Anteil. Auf den Pfälzischen Erbfolgekrieg folgte der Frieden von Rijswijk 1697, auf den Spanischen Erbfolgekrieg der Frieden von Rastatt 1714 und auf den österreichischen Erbfolgekrieg der Friede von Aachen 1748. In jedem dieser Friedensverträge wurde die Rückführung Freiburgs in das Habsburger Herrschaftsgebiet vereinbart. Das Heilige Römische Reich Deutscher Nation und die Dynastie der Habsburger wollten unbedingt vermeiden, dass die Franzosen auf der rechten Rheinseite dauerhaft Fuß fassten.

Bei ihrem Abzug 1745 beschlossen die französischen Truppen die Freiburger Festungsanlagen, die sie in den vergangenen 80 Jahren mustergültig auf- und ausgebaut hatten, weitgehend zu zerstören. In den vorausgegangenen drei Belagerungen hatten die Franzosen erhebliche Verluste erlitten (15 000 Mann allein im Jahr 1713) – ein viertes Mal wollten die Franzosen nicht gegen die selbst erbauten Mauern und Wälle anrennen. Daher begannen sie schon bald nach der letzten Eroberung Freiburgs mit der Zerstörung der Festungsanlagen. Auch die Häuser in direkter Nähe der Festungsbauten wurden dabei zerstört. Nach dem Abzug der Franzosen verblieben zahlreiche Trümmerhaufen sowie die gewaltigen Erdwälle mit den vorgelagerten Gräben und behinderten die Entwicklung Freiburgs fast 100 Jahre lang.

Während der napoleonischen Kriege hatten Rekrutierung von Soldaten, Hunger und Krankheiten dazu geführt, dass die Bevölkerung Freiburgs vor 1815 auf die bescheidene Zahl von ca. 12 000 Einwohner gesunken war. Diese Anzahl hatte noch innerhalb der Wallanlagen Platz. Nach dem Wiener Kongress (1815) begann in Freiburg wie im gesamten Deutschland eine zunächst langsame, aber sich stetig beschleunigende Zunahme der Bevölkerungszahl und der wirtschaftlichen Aktivitäten. Die Wälle und Gräben waren nun im Weg, und zu Beginn der 1840er

Stadtansichten von Freiburg mit den Festungsanlagen um 1730

Jahre wurde alles, was die Expansion Freiburgs behinderte, beseitigt oder eingeebnet. Zu den wenigen Relikten der Festung gehören die Überreste von vier Bastionen, die als kleine Erhebungen im Stadtbild zu erkennen sind: Die beiden Hügel, auf denen Colombischlösschen und Stadttheater stehen, der Mensahügel in der Rempartstraße sowie eine kleine Erhebung im Wallgrabenpark. Die Beseitigung der Festungsrelikte mit Ausnahme des Breisacher Tores (am oberen Ende Gartenstraße) ermöglichte nach 1845 eine rasche Neubesiedelung der ehemaligen Vorstädte Neuburg, Lehener Vorstadt und Schneckenvorstadt. Im Westen wurden die Großherzoglich Badische Eisenbahn und der Bahnhof gebaut. Westlich der Gleise entstand in den 1875er Jahren ein neuer Stadtteil, der später den Namen Stühlinger erhielt.

Auch der Bereich zwischen ehemaliger Schneckenvorstadt und Dreisam erfuhr eine weitgehende Erweiterung und Umgestaltung. Eine Voraussetzung dafür hatten die Franzosen durch ihren Festungsbau geschaffen. Um für die großen Wälle und Bastionen zwischen Martinstor und Dreisam hinreichend Platz zu haben, wurde der Lauf der Dreisam nach Süden verlegt. Durch den Abbruch des ehemaligen »Schneckentors« im Jahre 1842 konnte die Kaiserstraße nach Süden bis zur Dreisam verlängert und zwischen Holzmarkt und Dreisam ein neues Baugebiet erschlossen werden. Bereits in den 1820er Jahren hatte sich nördlich der Altstadt mit der »Zähringer Vorstadt« ein neuer Stadtteil entwickelt. Haslach wurde 1890 eingemeindet, aber erst nach Inbetriebnahme der Straßenbahn folgten nach 1907 umfangreichere Baumaßnahmen, vor allem

oben: Martinstor, Postkarte um 1900

Kaiserbrücke, Postkarte von 1904

Brunnen auf der Kaiserstraße, Postkarte um 1902

längs der Straßenbahntrasse. Um wertvollen Baugrund zu sparen, erfolgte bis 1887 die Bebauung eines neu ausgewiesen Straßenzuges durch die Erstellung geschlossener Häuserzeilen längs der Straße. Um wohlhabenderen Bürgern attraktiveren Wohnraum bieten zu können, wurde mit der neuen Bauordnung von 1887 erstmals Bebauung mit seitlichem Abstand (insbesondere Doppelhäuser) und schmalen Vorgärten erlaubt. Diese Art der »halboffenen« Bebauung ist z.B. in bestimmten Bereichen der Stadtteile Herdern, Neuburg und Wiehre sowie im Bereich Marien- und Luisenstraße zu finden. Diese neue Bauordnung war auch Teil einer sich ab 1875 entwickelnden Gesamtstrategie, die das Ziel hatte, Freiburg zu einem attraktiven Wohnort und Altersruhesitz für wohlhabende Bürger aus ganz Deutschland zu entwickeln. Dahinter stand die Einsicht, dass Freiburg nicht die optimalen Voraussetzungen mitbrachte, um als Industriestandort mit Basel, Pforzheim, Karlsruhe oder gar Mannheim konkurrieren zu können. Ein wesentliches Manko blieb das Fehlen einer effizienten Verkehrsanbindung in West-Ost-Richtung. Mancher Freiburger Industrielle und Lokalpolitiker träumte von einer Achse Paris–Breisach–Ulm–München. Doch selbst als die Höllentalbahn im Jahre 1887 in Betrieb genommen wurde, reichte sie nur bis Neustadt und beflügelte bestenfalls einige Betriebe in der Wiehre. Freiburgs Politiker wollten mit den charakteristischen Vorzügen Freiburgs wohlhabende Pensionäre vor allem aus dem Rheinland und aus Norddeutschland anlocken und betrieben Werbung mit folgenden Argumenten:

- außergewöhnlich schöne landschaftliche Lage,
- wärmste Stadt Deutschlands,
- der Schwarzwald als leicht zu erreichendes Naherholungsgebiet,
- das Elsass und die Schweiz in Tagesausflügen erreichbar,
- ein reichhaltiges kulturelles Angebot aufgrund von Universität und Theater,
- hervorragender Wein, der bis in die Stadt hinein wächst.

Diese Strategie war erfolgreich, und Freiburg erwarb sich den Titel »Pensionopolis«. Die Umsetzung dieser Strategie hatte für die neu entstehenden Stadtteile weitreichende Folgen: In der Wiehre und im Bereich der Kartäuserstraße hatten sich nach 1830 mehrere mittlere und größere Industriebetriebe angesiedelt, darunter Freiburgs größtes Unternehmen, die Knopffabrik von Jeremias Risler im Bereich Hilda-, Landsknecht- und Schwarzwaldstraße. Auf dem Gelände der heutigen Johanniskirche stand ein großes Gaswerk. Mit der Erschließung des Stühlingers ab 1875 vollzog man eine Kehrtwendung. Die Industrialisierung der Wiehre wurde gestoppt, teilweise sogar rückgängig gemacht und alle ansiedlungswilligen neuen Industriebetriebe westlich der Bahnlinie platziert. Die »Entindustrialisierung« der Wiehre erfolgte nicht nur durch das Verhindern von Neuansiedlungen, sondern auch durch die Verweigerung von Baugenehmigungen für das Erweitern bestehender Betriebe und für den Bau von Arbeiterwohnungen. Diese Vorgehensweise hatte allerdings nicht immer den gewünschten Effekt, da sich die Fa. Riesler nicht im Westen der Bahnlinie neu erfand, sondern ihre Produktionsstätten aus Freiburg ganz abzog und unmittelbar vor dem Ersten Weltkrieg nur noch eine kleine Handelsniederlassung betrieb.

Fronleichnam-Prozession auf der Kaiserstraße um 1900

Der seit den 1840er Jahren zu beobachtende Bauboom erlebte um 1870/72 einen Höhepunkt. Etwa ab 1887 entwickelte sich ein weiterer baulicher Aufschwung, der in den Jahren 1906/07 kulminierte. Diese Bauaktivitäten wurden von Baufirmen, Architekten, wohlhabenden Privatpersonen und Immobilienspekulanten finanziert. Das Ziel war es, Wohnungen und Häuser für gut verdienende Familien, für Pensionäre und wohlhabende Witwen attraktiv zu machen. An dem Bau von Arbeiterwohnungen hatten diese Akteure kein Interesse, obwohl die Stadt hierfür erschwingliches Bauland zur Verfügung stellte.

Daher herrschte in Freiburg zwischen 1815 und 1915 ein Mangel an günstigem Wohnraum, der sich auch in späteren Jahrzehnten fortsetzte. Die als untere Grenze einer quantitativ ausreichenden Versorgung mit Wohnungen geltende Richtzahl von 3 % Leerstand wurde in Freiburg stets unterschritten. Es entstand ein »Circulus Vitiosus«, da die zunehmende, privat finanzierte Bautätigkeit mehr und mehr Maurer, Gipser und Tagelöhner erforderte, für diese Geringverdienenden aber kaum Wohnungen gebaut wurden. Zwar stellten einige verantwortungsvolle Fabrikanten Wohnungen für ihre Arbeiter, aber das war nur ein Tropfen auf den heißen Stein. Vorbildlich verhielten sich hier die Fabriken Flinsch und Mez in der Kartäuserstraße, die Textilfirma Krumeich in der Zähringer Straße und die Knopffabrik von Jeremias Risler, der von 1868 bis 1872 die Arbeitersiedlung »Knopfhäusle« in acht Reihen zu neun Häusern errichten ließ.

Die heute selbstverständliche Vorstellung, dass Wohnraumbeschaffung für Geringverdienende eine öffentliche Aufgabe ist, war im 19. Jahrhundert noch nicht verbreitet. 1875 begannen die Freiburger Stadtväter, die Idee eines kommunalen Wohnungsbaus in ihre Zukunftsplanung aufzunehmen. Als ersten Schritt in diese Richtung betraute die Stadt die Beurbarungsgesellschaft mit dem Bau von preiswerten Kleinwohnungen. Ab 1886 entstanden in der neu errichteten Beurbarungsstraße 16 Häuser mit 60 Wohnungen, die ab 1889 um weitere 16 Häuser ergänzt wurden. Danach folgten weitere 16 Häuser mit 48 Wohnungen in der Ferrandstraße und ab 1909 wiederum 27 Häuser in der Beurbarungsstraße. Vor allem für Bedienstete der Straßenbahn wurden ab 1900 16 Häuser mit 48 Wohnungen in der Lorettostraße errichtet. Da es in der Wiehre nach 1900 zunehmend Leerstand bei privat finanzierten Wohnungen gab, kam es zu Bürgerprotesten gegen den Bau weiterer »Billigwohnungen«

Papierfabrik Flinsch um 1870

in der Wiehre, und die Stadt baute daraufhin weitere 16 Häuser in der Zunftstraße und später in der Egon- und Wannerstraße.

In der Zeit nach 1887 entstanden auch privat initiierte Gesellschaften, die sich den Bau preiswerter Wohnungen als Ziel gesetzt hatten. Dazu gehörten die »Gemeinnützige Baugesellschaft« und ab 1899 der als Genossenschaft für Beamte gegründete »Bauverein«. Nach 1900 entstand ferner die »Gemeinnützige Baugenossenschaft Gartenvorstadt Freiburg«, die den Bau kleiner Einfamilienhäuser im Grünen am Stadtrand als Ziel verfolgte.

Eine besonders wichtige Aufgabe der Stadtverwaltung war es, die schnell wachsende Stadt und ihre Eingemeindungen mit einer hinreichenden Infrastruktur zu versorgen. Dazu gehörten in erster Linie die Trinkwasserversorgung, die Kanalisation und die Abfallbeseitigung.

Im Mittelalter bezog die Stadt ihr Trinkwasser überwiegend aus Quellen im Gewann »Mösle« (beim heutigen Waldsee). Dazu wurde das Wasser bis ins 19. Jahrhundert hinein durch ausgehöhlte Baumstämme (Teucheln oder Deicheln) geleitet. Diese wurden im Deichleweiher auf Vorrat gelagert. Dieses System war der schnell wachsende Stadt nicht mehr ausreichend, und so wurden die Deicheln ab 1837 durch gusseiserne Rohre ersetzt.

Eine ganz neue Herausforderung ergab sich für die Stadt durch den rasch wachsenden Bedarf an Energie für Heizung, Maschinen und Beleuchtung sowohl im privaten als auch im gewerblichen Sektor. Vor 1850 gegründete Industriebetriebe mussten für ihre Energieversorgung selbst aufkommen, und sie taten dies durch Dampfmaschinen, die mit Kohle befeuert wurden. Ab 1850 ging das erste Gaswerk in Betrieb, das in der Wiehre auf dem Gebiet der heutigen Johanniskirche errichtet worden war. Es wurde 1887 in die Ferdinand-Weiß-Straße im Stühlinger verlegt und erweitert. In seiner direkten Nachbarschaft entstand das erste Elektrizitätswerk, welches im Herbst 1901 in Betrieb ging. Hier wurde die Primärenergie durch kohlebefeuerte Dampfmaschinen gewonnen, die mit Hilfe von Generatoren Strom erzeugten. Dieser kam nicht nur den Privathaushalten zu Gute, sondern er hatte vor allem den Zweck, den Aufbau einer elektrisch betriebenen Straßenbahn zu ermöglichen. Diese war parallel zum Bau des Elektrizitätswerkes geplant worden, und kurz nach dessen Inbetriebnahme rollten die ersten Straßenbahnen durch Freiburg. Zuerst betrug das Streckennetz nur etwa 9 km und wurde mit 27 Wagen und 64 Mann Personal bedient. Die rege Nachfrage führte dann ab 1907 zum weiteren Ausbau des Gleisnetzes und zu einer Erhöhung der Fahrfrequenz.

Die zahlreichen Baumaßnahmen sind dem Bevölkerungswachstum geschuldet, was diese Tabellen verdeutlichen:

JAHR	EINWOHNER
1815	13 000
1840	16 000
1860	18 000
1880	37 000

JAHR	EINWOHNER
1890	50 000
1900	65 000
1915	90 000
ohne Eingemeindungen	85 000

TABELLE 1:
Anzahl der Einwohner (Circa-Angaben) in Freiburg 1815–1915

JAHR	ALTSTADT	WIEHRE	STÜHLINGER	HERDERN
1875	23150	5138	594	2191
1880	25125	6522	1525	3229
1885	27226	8334	2067	3713
1890	27991	9873	5136	4391
1895	27498	12036	5918	6013
1900	28119	14945	9383	7331
1905	29089	19675	14246	8892
1910	29102	21988	17299	9683

TABELLE 2:
Verteilung der Einwohner auf Freiburgs Stadtteile 1875–1910

Dieses rasante Wachstum hatte zwei Ursachen: Geburtenüberschuss und Wanderungsgewinne. Letztere fielen vor allem in den Jahrzehnten nach 1860 ins Gewicht. Als Faktoren können negative und positive Ereignisse gelten: In den Kriegsjahren 1870/71 wurden in Freiburg 4600 verwundete Soldaten behandelt, von denen einige an Pocken erkrankt waren. Diese lösten in der Stadt eine Pockenepidemie aus, an der 683 Personen erkrankten und 51 Einwohner verstarben. In der Folgezeit kam es jedoch zu einer stetigen Abnahme der Todesfälle durch Infektionskrankheiten. So bewirkten die Versorgung mit sauberem Trinkwasser und eine verbesserte Kanalisation, dass Typhus fast völlig verschwand. Diphtherie konnte durch ein neues, von Emil von Behring entwickeltes Serum erstmals erfolgreich bekämpft werden. Ferner wurden durch verbesserte Hygiene in den Kliniken sowohl Todesfälle durch Kindbettfieber als auch die Säuglingssterblichkeit stark reduziert. Zwischen 1870 und 1915 fiel die Säuglings- und Kindersterblichkeit auf 20 % des Ausgangswertes. Eine besondere Bedeutung hatte die Tuberkulose. Noch um 1900 starb jeder zehnte Freiburger an dieser Lungeninfektion. Die Todesrate der Krankheit war in Freiburg wie in anderen deutschen Städten stark von der Gesellschaftsschicht abhängig. Ein wirksames Medikament gab es noch nicht, und intensive Pflege, optimale Ernährung und einen Aufenthalt in einem Luftkurort konnten sich Geringverdienende nicht leisten. Krebs spielte in dieser Zeit noch eine unbedeutende Rolle. Allerdings lag die Lebenserwartung noch ca. 20 Jahre unter dem heutigen Standard.

Ein aus heutiger Sicht merkwürdig anmutendes Ereignis, das die Geburtenrate beeinflusste, war ein Gesetz aus dem Jahre 1870, das die zuvor eingeschränkte Verehelichungsfreiheit bei Geringverdienenden in Kraft setzte. In den Folgejahren kam es zu einem Heiratsboom und einem sprunghaften Anstieg von Geburten. Einen entscheidenden Anteil am Bevölkerungswachstum hatte allerdings der Wanderungsgewinn. Dieser resultierte nicht nur aus dem Zuzug der erwünschten wohlhabenden Pensionäre und Witwen, sondern auch aus dem Zuzug von Lehrlingen, Handwerkern, Kaufleuten, Soldaten und Studenten. In den Jahren 1860–1900 wurde nur etwa jeder dritte Einwohner Freiburgs auch in der Stadt geboren.

Die Zuwanderer trugen entscheidend zum wirtschaftlichen Aufschwung in den Jahrzehnten nach 1840 bei. Andererseits zog der Aufschwung auch unternehmungslustige Männer nach Freiburg, wie die in Kapitel 6 beschriebenen Firmengründungen exemplarisch beweisen. Natürlich leistete auch die Expansion schon vorhandener Betriebe einen erheblichen Beitrag zum wirtschaftlichen Aufschwung. So erhöhte die Firma Mez zwischen 1869 und 1880 ihre Belegschaft um etwa 60 %, und die Rislersche Knopffabrik erweiterte die Belegschaft zwischen 1869 und 1882 um etwa 50 %. Die Betriebszählung von 1882 ergab ca. 7000 Beschäftigte in der gewerblichen Wirtschaft insgesamt, davon allein 40 % in der Textil- und Bekleidungsindustrie.

Auch im Maschinenbau ging es steil aufwärts. Die erst 1870 gegründete Maschinenfabrik Grether arbeitete schon kurz nach der Gründung mit 20 und im Jahre 1900 mit 100 Beschäftigten. Die 1873 gegründete Eisengießerei von J. Asmus beschäftigte 10 Jahre später etwa 30 Arbeiter. Die 1874 gegründete Pumpenfabrik Lederle beschäftigte vor 1880 20–30 Personen, um 1900 aber 70 Männer und Frauen. Im Baugewerbe gab es sehr unterschiedliche Entwicklungen. Nach der Beseitigung der Wälle und Gräben entwickelte sich zunächst langsam, dann immer

schneller ein erster Bauboom, der bis ca. 1875 andauerte und danach in eine wirtschaftliche Depression überging. Diese Depression führte zum Bankrott des ursprünglich größten Freiburger Bauunternehmens, der »Rheinischen Baugesellschaft«. Andererseits wurde 1872 von Julius Brenzinger eine Zementfabrik gegründet, die auch in der Depressionsphase durch den Ausbau der Kanalisation Aufträge erhielt. Arbeitete man um 1875 noch mit insgesamt 20 Personen, so waren es um 1900 schon 400. Zu den fünf größten Firmen der Baubranche gehörten um 1912: A. Kremers mit 150–160 Arbeitern und E. Schmidt, Hopp & Hofmann sowie Ph. Walter mit je unter 100 Beschäftigten.

JAHR	BESCHÄFTIGTE
1847	342
1858	345
1861	878
1869	1651
1875	2244

JAHR	BESCHÄFTIGTE
1882	3400
1887	3600
1902	5007
1906	5480
1912	5930

TABELLE 3:
Beschäftigte in Fabriken und fabrikähnlichen Betrieben mit mehr als 20 Mitarbeitern ab 1847

Tabelle 3 illustriert, wie sich die Beschäftigungslage in den Freiburger Fabriken zwischen 1847 und 1912 entwickelte. Tabelle 4 liefert dazu für das Jahr 1912 eine Aufschlüsselung nach Branchen. Auffallend ist bei dieser Aufstellung, dass Maschinenbau und Metallverarbeitung kurz vor dem Ersten Weltkrieg die meisten Arbeiter und Arbeiterinnen beschäftigten. Die ursprünglich führenden Branchen, Textilindustrie und Baugewerbe, wurden durch zahlreiche und erfolgreiche Neugründungen in der Metallbranche ab 1870 überholt. Zu den schon zuvor erwähnten Maschinenproduzenten Grether und Lederle gesellten sich um 1912 folgende Metallverarbeiter mit mehr als 20 Mitarbeitern:

- die Eisenbahnbetriebswerkstätten mit 260–290 Personen,
- Gebrüder Kromer in der Lehener Straße mit ca. 220 Mitarbeitern,
- Julius Römele in der Haslacher Straße,
- die Eisengießerei Fauler in der Adlerstraße,
- Albert Beierle in der Kartäuserstraße mit rund 130 Mitarbeitern,
- Franz Brombach in der Merzhauser Straße.

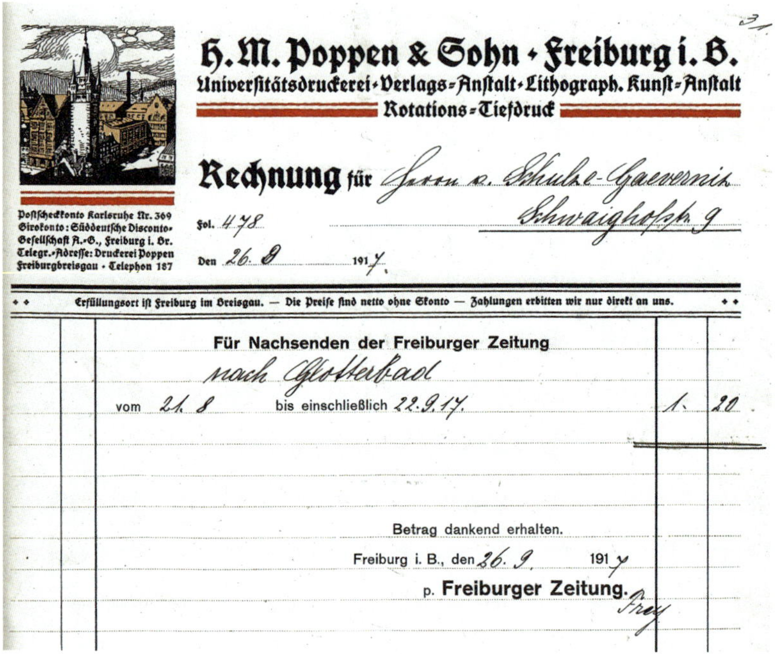

H. M. Poppen & Sohn · Freiburg i. B.
Universitätsdruckerei · Verlags-Anstalt · Lithograph. Kunst-Anstalt
Rotations-Tiefdruck

Postscheckkonto Karlsruhe Nr. 369
Girokonto: Süddeutsche Disconto-Gesellschaft A.-G., Freiburg i. Br.
Telegr.-Adresse: Druckerei Poppen Freiburgbreisgau · Telephon 187

Rechnung für Herrn v. Schulze-Gaevernitz
Schwaighofstr. 9
Fol. 478
Den 26. 9 1917.

Erfüllungsort ist Freiburg im Breisgau. — Die Preise sind netto ohne Skonto — Zahlungen erbitten wir nur direkt an uns.

Für Nachsenden der Freiburger Zeitung
nach Glotterbad
vom 21. 8 bis einschließlich 22.9.17. 1. 20

Betrag dankend erhalten.
Freiburg i. B., den 26. 9. 1917
p. Freiburger Zeitung.

Zu den größten Unternehmen vor dem Ersten Weltkrieg gehörten auch drei Verlage:

- der Herder Verlag mit rund 333 männlichen und 59 weiblichen Beschäftigten,
- die Wagnersche Universitätsbuchhandlung mit 65 männlichen und 57 weiblichen Angestellten,
- die Buchdruckerei Poppen mit insgesamt etwa 100 Mitarbeitern.

BRANCHE	BETRIEBE	MÄNNER	FRAUEN
Baugewerbe	18	1168	–
Metall/Maschinen	16	1367	114
Textil/Bekleidung	5	403	633
Papier/Leder	6	227	159
Chemische Industrie	2	135	14
Holzverarbeitung	13	474	29
Nahrung/Genuß	8	282	196
Polygraph. Gewerbe	9	548	181

TABELLE 4:
Beschäftigte in Betrieben verschiedener Branchen mit mehr als 20 Mitarbeitern

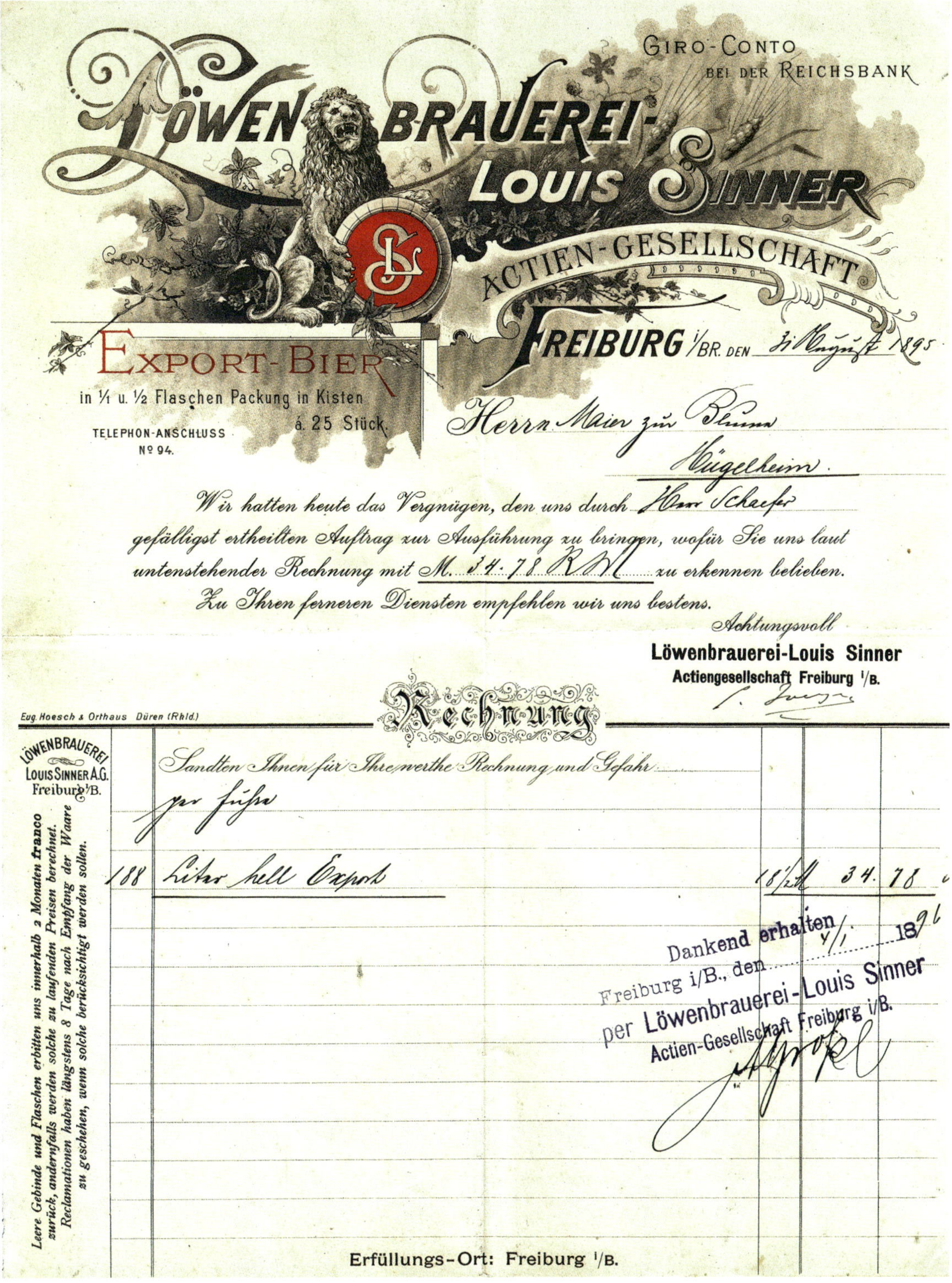
Löwen-Brauerei-Louis Sinner

Actien-Gesellschaft

Giro-Conto bei der Reichsbank

Export-Bier in 1/1 u. 1/2 Flaschen Packung in Kisten à 25 Stück.

Telephon-Anschluss Nº 94.

Freiburg i/Br. den 31 August 1895

Herrn Maier zur Blume

Hügelheim.

Wir hatten heute das Vergnügen, den uns durch Herrn Schaefer gefälligst ertheilten Auftrag zur Ausführung zu bringen, wofür Sie uns laut untenstehender Rechnung mit M. 34.78 zu erkennen belieben.

Zu Ihren ferneren Diensten empfehlen wir uns bestens.

Achtungsvoll

Löwenbrauerei-Louis Sinner

Actiengesellschaft Freiburg i/B.

Eug. Hoesch & Orthaus Düren (Rhld.)

Rechnung

Löwenbrauerei Louis Sinner A.G. Freiburg i/B.

Leere Gebinde und Flaschen erbitten uns innerhalb 2 Monaten franco zurück, andernfalls werden solche zu laufenden Preisen berechnet. Reclamationen haben längstens 8 Tage nach Empfang der Waare zu geschehen, wenn solche berücksichtigt werden sollen.

Sandten Ihnen für Ihre werthe Rechnung und Gefahr

per Fuhre

188	Liter hell Export	18 1/2	34.78

Dankend erhalten

Freiburg i/B., den 4/1 1896

per Löwenbrauerei-Louis Sinner

Actien-Gesellschaft Freiburg i/B.

Erfüllungs-Ort: Freiburg i/B.

Schließlich soll noch erwähnt werden, dass es in Freiburg drei größere Brauereien gab. Das war an erster Stelle die Löwenbrauerei in der Klarastraße, gefolgt von der Brauerei Ganter in der Schwarzwaldstraße und der Inselbrauerei Feierling.

Diese Aufzählung und die Liste von Freiburger Großhändlern und Gewerbebetrieben im 6. Kapitel zeigen, dass Freiburg ein wirtschaftlich florierendes Gemeinwesen war und keineswegs ein großes Sanatorium, in dem Pensionäre den Ton angaben.

3 DIE ERSCHLIESSUNG DER WIEHRE

Die Existenz eines Dorfes Wiehre ist schon für das Jahr 1008 dokumentiert, also für eine Zeit, die über 100 Jahre vor die Verleihung des Stadtrechts an Freiburg (1120) zurückreicht. Dieses Dorf bestand wohl aus nur wenigen von Handwerkern Gewerbetreibenden bewohnten Häusern, die am Ufer der Dreisam gelegen waren. Der Name Wiehre stammt von dem Begriff »Wehr« oder »Wuhr«, und könnte ein Hinweis darauf sein, dass die Siedlung stark auf die Wassernutzung hin ausgerichtet war. Als die Franzosen im Jahre 1677 Freiburg für 20 Jahre in Besitz nahmen, begannen sie sofort mit einer Modernisierung der Verteidigungsanlagen. Zu dieser Zeit war Artillerie schon fester Bestandteil aller Heere, aber die mittelalterlichen Mauern, von denen Freiburg noch umgeben war, hielten dem Beschuss durch größere Kanonen nicht stand. Die Franzosen begannen nun gemäß der Lehre ihres obersten Militäringenieurs, des Marquis de Vauban (1633–1707), Freiburg außerhalb der mittelalterlichen Mauern mit modernen Festungsanlagen zu umgeben. Hierzu gehörten auch Bastionen, d.h. erhöhte Plattformen für die Aufstellung von Artillerie, mit der das Gelände vor den seitlichen Mauern und das Vorfeld gut beschossen werden konnte. Zusammen mit den Gräben, die den Wällen vorgelagert waren, erforderten die neuen Festungswerke viel Platz. Daher wurde die Dreisam weiter nach Süden verlegt, wo sie heute noch fließt. Diese Veränderungen hatten zur Folge, dass das Dorf Wiehre ebenso platt gemacht wurde, wie das benachbarte Dorf Adelhausen, denn die Franzosen wollten vor ihren Wällen freies Schussfeld haben.

Nach dem Abzug der Franzosen nach 1745 fand im einstigen Siedlungsgebiet von Wiehre-Adelhausen ein bescheidener Wiederaufbau statt. Zentrum des fortan nur noch »Wiehre« genannten Dorfes war die auf dem heutigen Annaplatz neu errichtete Kirche St. Cyriak und Perpetua.

Die wohl erste, vielfach reproduzierte Ansicht der neuen Wiehre ist eine Kupferradierung (Aquatinta) von Nilson und Follenweider, die 1821 im Herder-Verlag gedruckt und mit einer Ortsbeschreibung publiziert

Die Wiehre mit St. Cyriak und Perpetua, Aquatintaradierung von Rudolf Follenweider, 1820

wurde. Auf dieser Darstellung besteht das Dorf Wiehre aus bestenfalls 20 Häusern.

Nach 1821 begann die zunächst noch sehr langsame Besiedlung und Erschließung der Wiehre Fahrt aufzunehmen. Diese Entwicklung startete im Zentrum, am Annaplatz. Der Platz um die Kirche hatte, wie früher üblich, zunächst als Friedhof gedient. 1830 bekam die Wiehre einen neuen Friedhof in einem damals noch unbebauten Gelände, dessen traurige Überreste heute noch an der Ecke Erwin-/Dreikönigstraße zu besichtigen sind. Aber schon 1872 wurde dieser Friedhof wieder geschlossen, und die Toten aus dem Gebiet der Wiehre wurden von da an auf dem neuen Hauptfriedhof beigesetzt.

Aus heutiger Sicht vielleicht überraschend, entwickelte sich das Gebiet zwischen Dreisam, Sternwald und Lorettoberg zunächst zu einem »Industriestandort«. In dem Gebiet zwischen Dreisam und Sternwald etablierten sich schon vor 1870 mehrere Sägewerke und eine Ölmühle. Diese Betriebe gewannen ihre Energie aus Dampfmaschinen, und so sind auf dem Panoramaplan Freiburgs, der von dem Maler Joseph Wilhelm Lerch zuerst farbig gemalt, ab 1876 aber als Lithographie vervielfältigt wurde, mehrere rauchende Schlote im Bereich der Wiehre zu sehen. Einer der großen Schornsteine stammte z. B. von der Kürzelschen Zimmerei, die neben der Kirchstraße eine Dampfsäge betrieb. Dann gab es ein Sägewerk der Zimmerei Nußbaumer an der Ecke Tal- und Turnseestraße. Ein weiteres Sägewerk betrieben die Gebrüder Hegner auf dem Gelände Ecke Talstraße und obere Langgasse. Dieser schon früh existierende Fuhrweg, der von der Schwabentorbrücke direkt nach Süden führte, wurde nach seiner Bebauung im Jahre 1887 zu Ehren der damaligen Großherzogin in Hildastraße umbenannt. Zwischen der Oberen Langgasse und der Dreikönigstraße befand sich das Gelände der schon 1847 gegründeten Knopffabrik von Jeremias Risler. Dieser baute für seine Mitarbeiter nach 1868 die noch heute existierenden Knopfhäusle am Westrand des alten Messplatzes.

Zum industriellen Gesicht der Wiehre gehörte auch das um 1850 errichtete Gaswerk, welches auf dem Gelände südlich der Dreisam

Panoramaplan von Joseph Wilhelm Lerch, 1852

zwischen Kirchstraße und späterer Günterstalstraße ansässig war. Nachdem Bürgermeister und Stadträte ihre Ansicht über die Bebauung der Wiehre geändert hatten, wurde das Gaswerk in den Stühlinger verlegt. Die dadurch frei gewordene Fläche wurde in der Folgezeit mit der Lessingschule, der Gewerbeschule und der Johanneskirche bebaut.

Der Startschuss für eine beschleunigte Entwicklung der Wiehre waren um 1860 Anlage und Bebauung der Günterstalstraße. Mit der Anlage dieser Straße verfolgte die Stadt drei Ziele:

- Es sollte eine breitere Straße als Hauptverkehrsachse nach Günterstal und zum Schauinsland angelegt werden. Die Günterstalstraße eignete sich im Unterschied zu Kirchstraße auch dazu, die ab 1901 in Betrieb gehende Straßenbahn aufzunehmen.
- Günterstal sollte besser an die Stadt angeschlossen werden. Günterstal war nach der Säkularisierung des Klosters unter Napoleon eine eigenständige Gemeinde geworden, die als Naherholungs- und Siedlungsgebiet für Freiburger Bürger immer interessanter wurde.
- Man wollte eine zusätzliche Geschäftsstraße etablieren, die in der Folgezeit der Kirchstraße den Rang ablief.

In der mittlerweile zum Stadtteil avancierten Wiehre wurde im Jahre 1876 der Lokalverein Wiehre gegründet. Begründer und erster Vorsitzender war der Geschäftsmann und Industrielle Karl Walterspiel. Dieser dynamische und weitsichtige Mann hatte sich ursprünglich den Revolutionären angeschlossen und verletzte sich in der Schlacht bei Waghäusel. Nachdem in Baden wieder Ruhe eingekehrt war, wurde er in Freiburg zum erfolgreichen Geschäftsmann und war der erfolgreichste Ziegelfabrikant Freiburgs. Später gründete er die »Vereinigten Freiburger Ziegelwerke« in Merzhausen mit ca. 250 Mitarbeitern. Konsequenterweise hatte er auch seine Finger in vielen Bauvorhaben der Wiehre. Walterspiel wurde 1882 in den Stadtrat berufen, dem er bis zu seinem Tod 1901 angehörte. Er nahm durch seine Geschäftstätigkeit und durch sein politisches Engagement erheblichen Einfluss auf die Entwicklung der Wiehre. Da sein Wirken von den Bürgern der Wiehre sehr positiv gesehen wurde, wurde ihm 1906 ein Denkmal am südlichen Ende des Lorettobergs, in der Bodlesau, errichtet.

Walterspiel beschleunigte eine Entwicklung, welche die Freiburger Stadtväter schon zuvor im Sinne hatten. Die Wiehre sollte von einem

Industrie- und Gewerbeschwerpunkt Freiburgs zu einem attraktiven Wohngebiet umgebaut und ausgebaut werden. Vor allem aus dem Ruhrgebiet und aus Norddeutschland sollten Ansiedlungswillige angeworben werden.

Freiburgs erfolgreiche Imagekampagne hatte eine rege Nachfrage nach Wohnungen und Häusern in allen neuen Stadtteilen zur Folge, und in den Jahren 1887 bis 1906 entwickelte sich ein auch von Spekulanten getriebener Bauboom. Um 1905 stammten ein Drittel von Freiburgs gewerblicher Wertschöpfung aus dem Baugewerbe (Innenausstatter mitgezählt). Die Zahl der Architekten war von 31 im Jahre 1895 auf ca. 85 im Jahre 1905 gestiegen. Wie bei jedem Aufschwung kam der Rückschlag überraschend, und er begann in Freiburg ab 1907. Plötzlich war ein Überhang an Wohnraum vorhanden, besonders in der Wiehre, der nicht mehr schnell an den Mann oder an die Frau gebracht werden konnte. Im Jahre 1910 standen 105 Wohnungen leer.

Waren in der Hochzeit noch ca. 1400 Maurer beschäftigt, so waren es um 1910 nur noch ca. 400. In dieser ökonomisch depressiven Phase, die es ähnlich auch in anderen deutschen Städten gab, waren wohlhabende Familien, die weiter uneingeschränkt einkaufen konnten, gefragte Kunden, die zur Stabilisierung der Freiburger Wirtschaft beitrugen. Hier bewährte sich das Konzept der »Pensionopolis«.

Zwei Entwicklungen von außen, welche die Stadtväter nicht bewirkt hatten, förderten die Bauwut in der Wiehre nach 1888. Das war zum einen die Fertigstellung der Höllentalbahn 1887, die auch einen Bahnhof

Kaiserstraße mit Kaiserbrücke, Postkarte um 1907

in der Wiehre bediente. Dadurch wurden Teile der Mittelwiehre besser an Innenstadt und Stühlinger angeschlossen, und Ausflügler konnten nun leichter den Schwarzwald erreichen. Als die den Straßenverkehr störenden Gleise nach dem Ersten Weltkrieg in ihre neue, heutige Trasse verlegt wurden, blieb das alte Bahnhofsgebäude erfreulicherweise erhalten.

Der zweite Anlass war eine Choleraepidemie im Hamburg in den Jahren 1892/93. In der Folge kamen viele wohlhabende Hamburger nach Freiburg, die sich vor allem in der Wiehre ansiedelten. So wurden die Schwimmbadstraße, in der es 1868 nur ein kleines Eckhaus gab, sowie die gesamte Goethestraße fast ausschließlich von Hamburgern gebaut.

Mit zunehmender Bevölkerung und Bautätigkeit musste auch die Infrastruktur ausgebaut werden. Ab 1901 wurde eine Straßenbahnlinie zwischen Siegesdenkmal und Urach-/Lorettostraße ins Leben gerufen. Die elektrische Straßenbahn von der Innenstadt in die Wiehre war wichtig für die Attraktivität der Wohnungen und Häuser, die nach 1901 südlich der Urach- und Lorettostraße erbaut wurden. Außerdem wurde in der Wiehre in der Urachstraße der Große Betriebshof mit Reparaturwerkstätten der Freiburger Straßenbahn gebaut. Der Erfolg der neuen Straßenbahn führte ab 1907 zu einer Erhöhung der Frequenz und zu einer Verlängerung der Strecke nach Zähringen und Günterstal.

Die Bevölkerung in der Wiehre war nach 1875 sehr vielschichtig, dennoch lassen sich Schwerpunkte feststellen. Die Oberwiehre östlich der Hildastraße war ursprünglich von überdurchschnittlich vielen Fabrikarbeitern und Arbeiterinnen bewohnt, weil hier mehrere Fabriken ansässig waren. Trotz teilweiser »Deindustrialisierung« der Wiehre blieben Fabrikarbeiter vor allem in der Oberwiehre wohnhaft, aber ihr Anteil an der gesamten Bevölkerung der Wiehre schrumpfte deutlich. In der Mittelwiehre zwischen Kirch- und Hildastraße wohnten und arbeiteten viele Handwerker und Besitzer kleiner Geschäfte.

Die Häuser am Lorettoberg und in der südlichen Unter- und Mittelwiehre wurden fast ausschließlich zu Wohnzwecken genutzt. Professoren, Dozenten und (Ober-)Studienräte verteilten sich annähernd gleich auf Wiehre und Herdern. Ärzte wohnten jedoch wegen der größeren Nähe zu den Kliniken überwiegend in Herdern. Ein »Farbtupfer« war die Ansiedlung von Burschenschaften und anderen studentischen Verbindungen.

4 AUF EINKAUFSTOUR IN WIEHRE UND ALTSTADT

IN DER WIEHRE, Schwaighofstraße 9, lebte vor dem Ersten Weltkrieg (und noch wenige Jahre danach) die Familie von Schulze-Gaevernitz (vSG), aus deren Haushalt die meisten Belege stammen, die diesem Buch zugrunde liegen. Die Bebauung der Schwaighofstraße und ihrer Nachbarschaft war erst kurz vor 1900 von der Stadt genehmigt worden, und die Familie vSG, die seit 1893 in der Goethestraße 55 wohnhaft war, hatte im April 1905 dort einen Neubau bezogen. Der Familienvorstand war Universitätsprofessor, er war darüber hinaus seit 1912 Mitglied des Reichstages und wollte wie alle Politiker gerne gewählt und wiedergewählt werden. Wie schon in der Einleitung dargelegt, gehörte es offensichtlich zur Strategie der Familie in möglichst vielen Geschäften einzukaufen, um somit indirekt Werbung für sich zu machen. Diese Aktivitäten sollen hier am Beispiel einiger fiktiver Einkaufsgänge von Frau vSG illustriert werden, deren Details den vorhandenen Rechnungsbelegen entnommen sind.

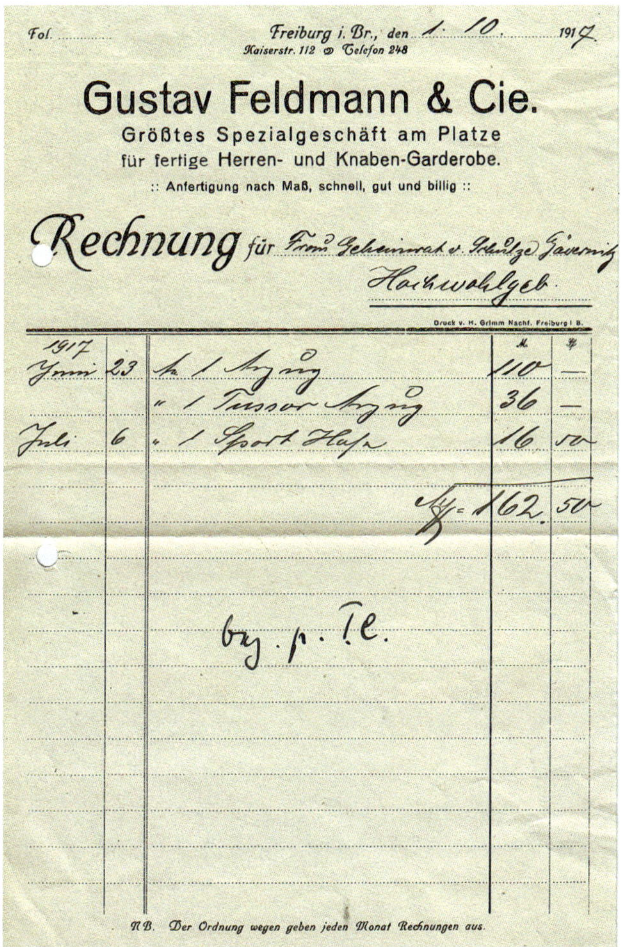
Fol.
Freiburg i. Br., den 1. 10. 1917
Kaiserstr. 112 Telefon 248

Gustav Feldmann & Cie.
Größtes Spezialgeschäft am Platze
für fertige Herren- und Knaben-Garderobe.
:: Anfertigung nach Maß, schnell, gut und billig ::

Rechnung für Frau Geheimrat v. Schulze Gävernitz Hochwohlgeb.

Druck v. H. Grimm Nachf. Freiburg i. B.

			M.	Pf.
1917 Juni	23	An 1 Anzug	110	—
		" 1 Tussor Anzug	36	—
Juli	6	" 1 Sport Hose	16	50
		Mk.	162.	50

bez. p. Te.

N.B. Der Ordnung wegen geben jeden Monat Rechnungen aus.

Frau vSG begab sich nun am Freitag auf ihre Wochenend-Einkaufstour, welche von ihrem Haus in der mittleren Wiehre beginnend in Richtung Johanneskirche führte. Sie wurde von einem Dienstmädchen begleitet, das die meisten Einkäufe tragen sollte. »Dienstmädchen« war eine damals gebräuchliche Berufsbezeichnung, die nicht als abwertend empfunden wurde. Ein Dienstmädchen, also eine Haushaltshilfe, zu haben war Standard in den einigermaßen gut verdienenden bürgerlichen Familien Freiburgs. Auch die Großeltern des Autors (der Großvater war Zahnarzt mit Praxis am Bertoldsbrunnen) beschäftigten ein Dienstmädchen bis zu ihrem Tode zehn Jahre nach Ende des Zweiten Weltkrieges. Die Hilfe des Dienstmädchens, das typischerweise in einer Mansarde lebte und eine geregelte Freizeit hatte, ermöglichte es den älteren Familienmitgliedern, bis zum Lebensende zu Hause bleiben zu können. Pflegeheime waren damals noch selten, und es gab keine Pflegeversicherung. Diese Dienstmädchen waren keine schweigende, unterdrückte Minderheit, sondern mit Hilfe der Katholischen Kirche gut organisiert. Fast alle Dienstmädchen in Freiburger Familien stammten aus Bauernfamilien, die im Schwarzwald beheimatet und katholisch waren. Viele Bauernfamilien waren kinderreich, doch der Ertrag ihrer kleinen Schwarzwaldhöfe war gering. Es war üblich, dass arme und kinderreiche Bauernfamilien ihre Töchter an Freiburger Familien vermittelten. So war ein Kind weniger zu versorgen, die Tochter konnte ihr eigenes Geld verdienen und erhielt eine bessere (Aus-)Bildung. Manche Bauernfamilie hoffte wohl auch, dass ihre Tochter in der Stadt einen Mann finden würde.

Die katholische Organisation der Dienstmädchen veranstaltete Festlichkeiten an wichtigen Feiertagen. Für Dienstmädchen aus der Wiehre fanden diese zumindest nach dem Krieg in einem Schwesternhaus Ecke Tal- und Hildastraße oder im Maria-Hilf-Saal in der oberen Zasiusstraße statt. Zudem gab es Wanderungen und Wallfahrten zu Zielen in der Umgebung, wie z. B. nach St. Ottilien.

Zurück zu Frau von vSG und ihrer Einkaufstour, die sie zunächst in der Pension Bellevue (Günterstalstraße 54) unterbrach, um ein Zimmer für ihre Schwester und deren Mann zu reservieren, die in einer Woche zu Besuch kommen wollten. Dann folgte ein kurzer Halt im Hotel und Restaurant Hohenzollern dessen Bau (mit anderer Nutzung) noch heute die Ecke Günterstal-/Urachstraße bildet. Frau vSG reservierte einen Tisch für Samstagabend, an dem die Familie öfters auswärts zu essen pflegte. Danach lenkte Frau vSG ihre Schritte zum Schuhmachermeister Eduard Haas in die Lorettostraße 4, wo sie sich einen Absatzfleck auf einen Schuh aufbringen ließ und dafür 70 Reichspfennige (RPf) bezahlte.

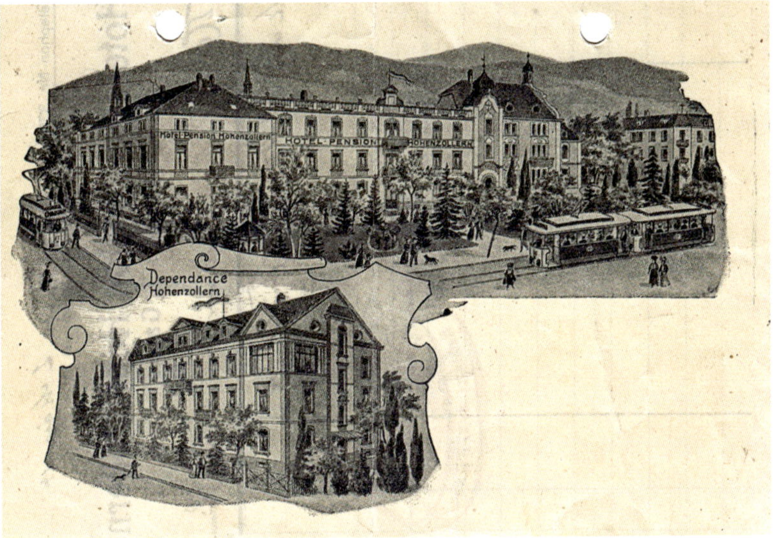

Ehemaliges Hotel »Hohenzollern«, Ecke Günterstal-/Urachstraße

Nun begab sie sich in die Konradstraße, wo sie im Haus Nr. 5 bei der Schweinemetzgerei und Wursterei von X. Fehrenbach 16 Bratwürste für 1.60 Reichsmark (RM) und 12 Wienerle für 96 RPf erstand. Bereits jetzt war sie um die Tragehilfe des Dienstmädchens dankbar. In der Konradstraße 14 beglich sie eine offene Rechnung für das Ausbessern und Reinigen von Dachrinnen:

1 Maurer, 2.5 Stunden:	2.25 RM	(Stundenlohn: 90 RPf)
1 Taglöhner, 2.5 Stunden:	2.00 RM	
½ Kübel Zement:	1.25 RM	

Mit der aus heutiger Sicht äußerst bescheidenen Summe von 5.50 Reichsmark konnte dieser Arbeitsaufwand beglichen werden.

Beim Gypsermeister Paul Weinröther in der Konradstraße 18 musste ebenfalls eine noch offene Rechnung beglichen werden. Zwei Gipser hatten zusammen 20 Stunden gearbeitet, wofür ihr ein Betrag von 17 RM in Rechnung gestellt wurde (Stundenlohn: 85 RPf). Dazu kamen noch 7 RM für 10 Stunden Arbeit eines Handlangers und 16 RM für 8 Säcke Gips und 2 Säcke Beimischsand.

Die Bäckerei und Mehlhandlung Mathias Hauger in der Kirchstraße 66 war der Standardlieferant von Brot. Für die 30 Laibe Brot, die im April und Mai des Jahres 1914 geliefert worden waren, galt es 9.84 RM zu berappen. Daraus errechnet sich ein Preis von 33 RPf für den einzelnen

Giro-Conto bei der Reichsbank

Hoflieferant S. Königl. Hoheit d. Grossherzogs v. Baden.

Fol.

Baader
Eingetragene Schutzmarke.

Julius Baader
BRETZEL-FABRIK

Prämiirt Freiburg 1887. Karlsruhe 1889. Mainz 1893. Köln 1893. Stuttgart 1894. Frankfurt 1894. Braunschweig 1895. Strassburg 1895. Berlin 1896. Baden-Baden 1896. Magdeburg 1899. München 1899. Weltausstellung Paris 1900. Frankfurt a/M. 1900.

Telegramm-Adresse:
BAADER BRETZELFABRIK FREIBURGBREISGAU.
Telephon-Anschluss 135.

Freiburg i/B. den 23. 12. 1913.

Rechnung für Frau v. Schulze-Gaevernitz,
Hier.

56

Netto comptant – Erfüllungsort für Lieferung & Zahlung Freiburg i/B. Zahlungen sind nur an mich direct zu leisten.

Reclamationen können nur innerhalb 8 Tagen nach Empfang der Ware berücksichtigt werden.

Sandte heute auf Ihre w. Rechnung u. Gefahr per Express.
an:
Herrn Emil Hirsch, Heidelberg,
Vossstr. 4

1 Dose mit 5 Dz. Brezeln	1.50
Porto	–.35
Mk.	1.85

Betrag dankend erhalten
Freiburg i. B., 27. DEZ. 1913
Hofbrezelfabrik Julius Baader.

Brotlaib. Nur wenige Schritte weiter erstand Frau vSG beim Obst- und Gemüsehändler Josef Schweizer 1 Kilo Tomaten für 40 RPf, die nun den Korb des Dienstmädchens erheblich beschwerten. Bei der Holz- und Kohlehandlung Julius Gassenschmidt in der Kirchstraße 24 wurden drei Säcke Anfeuerholz zum Preis von 3 RM zur Lieferung bestellt. In der Kirchstraße 5 waren noch 1.80 RM für das drei Tage zuvor erfolgte Einsetzen einer Fensterscheibe zu bezahlen.

Auf Weg aus der Kirchstraße zur Günterstalstraße machte Frau vSG bei der Baader Bretzelfabrik in der Basler Straße 6–8 halt. Sie gab den Versand von 30 Päckchen der kleinen Laugenbrezeln an ihre in Breslau lebende Schwiegermutter in Auftrag, was einschließlich des Portos einen Betrag von 5.50 RM ergab. Vier Dutzend »Bretzelchen« (60 RPf) für den eigenen Verzehr wanderten noch in den eigenen Korb. Beim Damen- und Herrenfrisör F. J. Sitterle in der Günterstalstraße 3 war die Reparatur eines wertvollen Kammes mit 1.80 RM relativ teuer, während eine hübsche Haarspange für eine der Töchter nur mit 50 RPf zu Buche schlug.

Bei der Kunst- und Handelsgärtnerei G. H. Reich in der Günterstalstraße 7 wurden Lieferung und Einpflanzen einer Azalee in Auftrag gegeben, wofür ein Betrag von 4 RM zu entrichten war (entsprach etwa dem Lohn eines Gipsers für 4 Stunden Arbeit). Im gleichen Haus eine Türe weiter befand sich das Colonialwaren- und Delikatessgeschäft von Eduard Reinhard. Hier beglich Frau vSG die Rechnung des letzten Monats: 9 Pfund Spargel für 7.20 RM und 2 ½ Pfund Salzheringe für

2.88 RM. Für diese Menge Spargel hätte der zuvor erwähnte Tagelöhner neun Stunden arbeiten müssen. Dann kaufte Frau vSG einiges Gebäck bei Braungers Conditorei & Café in der Günterstalstraße 11. Erschöpft entschloss sich Frau vSG, die gerade eingetroffene Straßenbahn bei der Johanneskirche zu besteigen und bis zur Urachstaße zu fahren, von wo der Weg in die Schwaighofstraße nur noch kurz war.

Wie sich aus diesem Ablauf der Geschäftsbesuche ersehen lässt, war Frau vSG vor allem dann unterwegs, wenn es galt, Rechnungen zu begleichen und neue Aufträge zu erteilen. Den täglichen Einkauf der gängigen Lebensmittel durfte das Dienstmädchen wohl alleine erledigen.

Eine zweite Einkaufstour in der Wiehre begann ebenfalls in der Lorettostraße, und zwar kaufte Frau vSG im Kolonialwarengeschäft von Julius Lautenecker ¼ Pfund Kaffee für 40 RPf und Salat für 30 RPf. Danach wurde die Geschäftswelt der Günterstalstraße von Süden nach Norden aufgerollt. So wurde beim Brot- und Feinbäcker Eduard Schöpperle im Haus Nr. 40 2 Pfund Mehl für 48 RPf, 1 Pfund Paniermehl für 35 RPf und ein Laib Brot für 30 RPf erstanden. Bei der Germaniadrogerie (Inh. J. Spielmann) im Eckhaus Erwinstraße 1, wurde ein Großeinkauf getätigt: 1 Liter Salmiaklösung (60 RPf), Kleesalz (10 RPf), 1 Päckchen Zündhölzer (30 RPf), 1 Glühstrumpf für eine Petroleumlampe (45 RPf) und 1 Liter Leinöl für 1.10 RM. Der Einkauf eines Glühstrumpfes besonders interessant, weil er dokumentiert, dass die Familie vSG noch Gaslampen (und vielleicht auch Petroleumlampen) verwendete und zwar nicht nur im Gartenhäuschen. Dazu muss man wissen, dass in Freiburg, das im Jahre 1914 ca. 90 000 Einwohner hatte, erst rund 3500 Haushalte an die städtische Elektrizitätsversorgung angeschlossen waren, und bis zur Schwaighofstraße war die elektrische Infrastruktur wohl noch nicht ausgebaut. Gaslampen waren daher die Standardbeleuchtung in Freiburger Haushalten bis zum Ersten Weltkrieg.

Bei der Bierhandlung Emil Hauck in der Günterstalstraße Nr. 35 wurde nun die Lieferung von 12 Flaschen Münchner Bier in Auftrag gegeben (2.50 RM). Bei der Bäckerei und Konditorei von Sebastian Sauer auf der anderen Straßenseite (Nr. 35) waren Meringen für 2.50 RM gefragt. Wenige Schritte weiter (Nr. 28) musste beim Uhrmacher Eduard Blattmann eine Rechnung über die Reparatur mehrerer Uhren in Höhe von 19.50 RM beglichen werden. Drei Häuser weiter beim Schreiner Johann Häuber (Nr. 22) wurde die Reparatur eines Nachtschränkchens bezahlt.

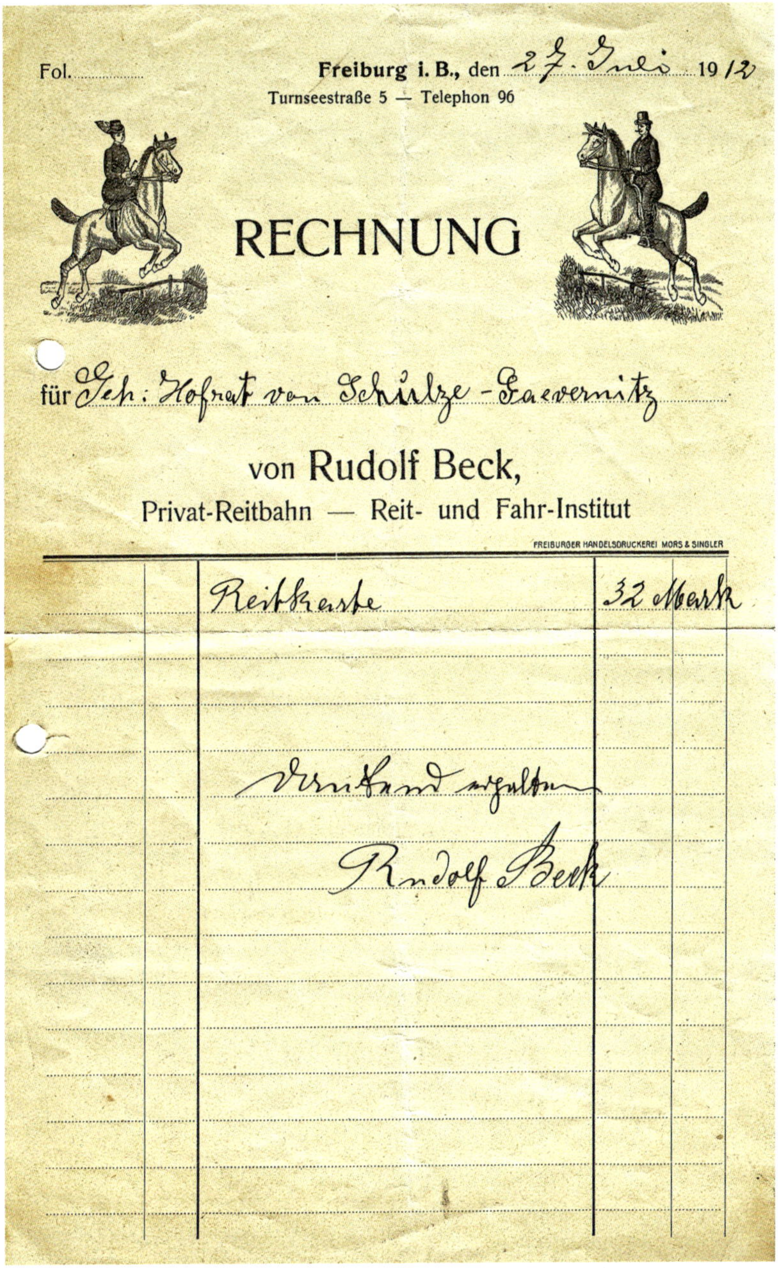

Fol. .... Freiburg i. B., den 27. Juli 1912
Turnseestraße 5 — Telephon 96

RECHNUNG

für Geh. Hofrat von Schulze-Gaevernitz

von Rudolf Beck,
Privat-Reitbahn — Reit- und Fahr-Institut

FREIBURGER HANDELSDRUCKEREI MORS & SINGLER

Reitkarte	32 Mark

Dankend erhalten
Rudolf Beck

Im Haus Nr. 18 befand sich damals die Konditorei von Braunger, die um einen Gugelhupf für 3.50 RM erleichtert wurde. Darauf folgte ein Abstecher in die Turnseestraße 5, wo vom Reit- und Fahrinstitut Rudolf Beck (mit privater Reitbahn!) eine Reitkarte für 32.00 RM erstanden wurde, welche die älteste Tochter erhielt. Dann folgte im Delikatessengeschäft von Eduard Reinhard (Günterstalstraße 7) der Einkauf von Brie-Käse für 2.80 RM sowie von zwei Dutzend Frankfurter Würstchen für 5.00 RM. Dazu gesellten sich noch 3 Pfund Stangenspargel für 2.40 RM. Nun hatten Dienstmädchen und Frau vSG schwer zu schleppen und fuhren mit der Straßenbahn zur Urachstraße zurück.

An dieser Stelle soll angemerkt werden, dass die meisten der zuvor erwähnten Geschäfte zwei Weltkriege überlebten, nicht aber die letzten 40 Jahre. Der Autor, der selbst in der Wiehre aufwuchs, lernte daher als Kind und Jugendlicher noch alle diese Geschäfte und ihre Inhaber kennen.

Eine dritte »Shoppingtour« begann mit der Straßenbahnfahrt zum Bertoldsbrunnen. Diesmal interessierte sich Frau vSG vor allem für Mode und Haushaltszubehör in Geschäften der nördlichen Kaiserstraße

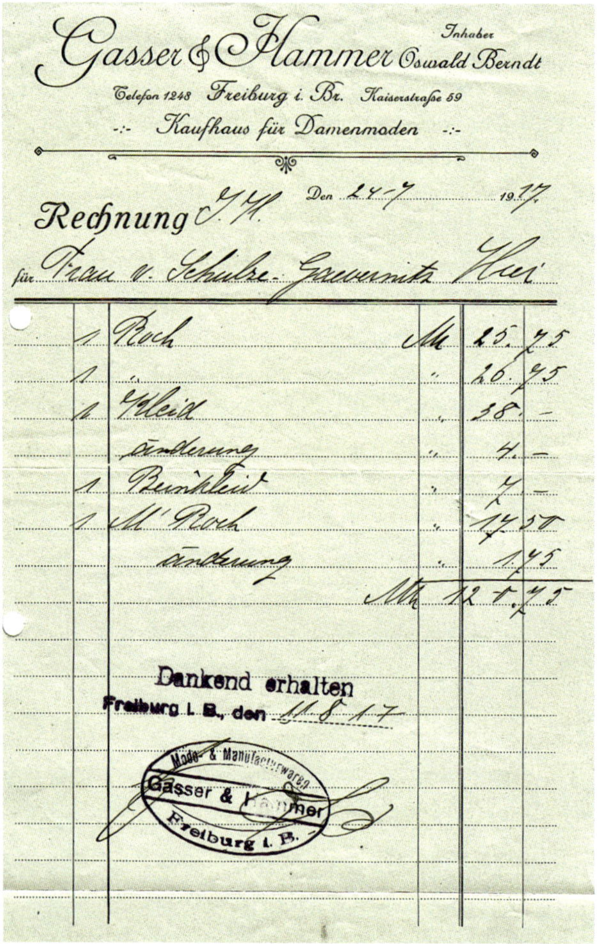
Gasser & Hammer Inhaber Oswald Berndt
Telefon 1248 Freiburg i. Br. Kaiserstraße 59
-:- Kaufhaus für Damenmoden -:-

Rechnung J. H. Den 24/7 1917

für Frau v. Schulze-Gaevernitz Hier

1	Rock	Mk	25.75
1	"	"	26.75
1	Kleid	"	38.–
	Änderung	"	4.–
1	Beinkleid	"	7.–
1	M' Rock	"	17.50
	Änderung	"	1.75
		Mk	120.75

Dankend erhalten
Freiburg i. B., den 11/8 17

Mode- & Manufacturwaren
Gasser & Hammer
Freiburg i. B.

(KStr.). Die erste Attacke auf das Warenangebot der Altstadt erfolgte im Kaufhaus für Damenmoden, Gasser & Hammer, im Haus Nr. 59. Ein Rock (25.75 RM) und ein Kleid (38.00 RM) wurden erobert und eine Änderung für 4.00 RM bezahlt. Bei der Oberbadischen Taxametergesellschaft (Ecke Kaiser-/Münsterstraße) mussten für die am voraus gegangenen Wochenende erfolgte Fahrt mit zwei Taxis zur Luisenhöhe 16.00 RM berappt werden.

Anschließend wurde das Weisswaren, Ausstattungs- und Bettengeschäft von Otto Behrle im Haus Nr. 65 aufgesucht und ein Unterrock mit Stickereien und Spitzenbesatz für 6.75 RM mitgenommen. Bei Spiegelhalter, Kirner & Cie. (KSt. 67) wurden 6 Löffel für 1.50 RM und 4 Eierbecher für 60 RPf eingekauft. Beim Geschäftshaus für Damenmoden Heinrich August Kirch in der KStr. 70

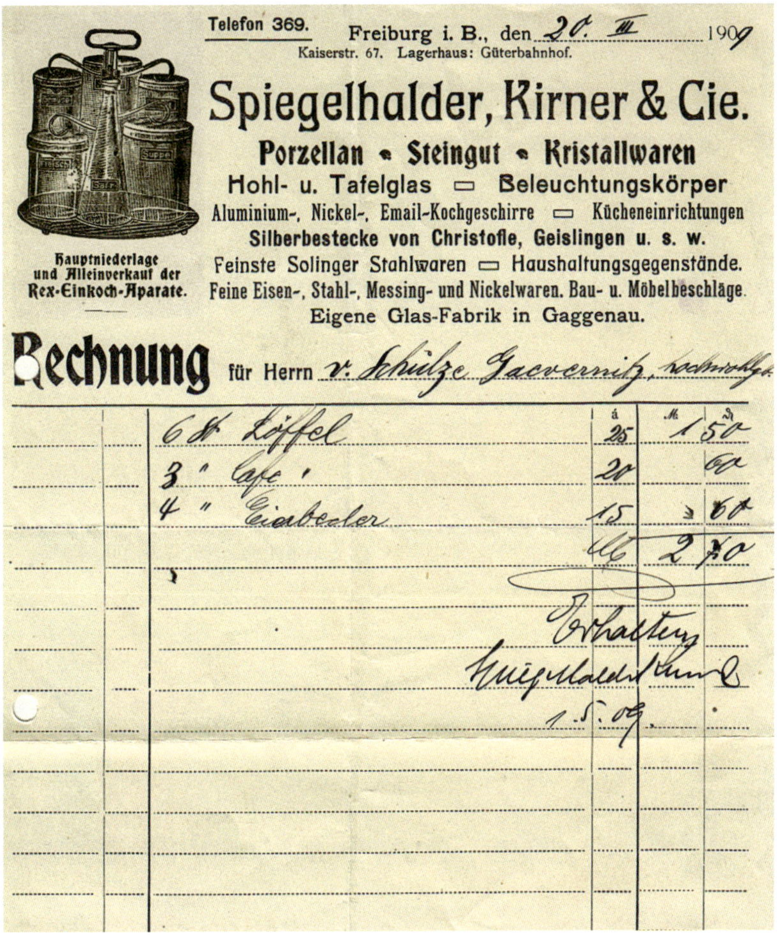

Telefon 369.

Freiburg i. B., den 20. III 1909

Kaiserstr. 67. Lagerhaus: Güterbahnhof.

Spiegelhalder, Kirner & Cie.

Porzellan • Steingut • Kristallwaren

Hohl- u. Tafelglas ▭ Beleuchtungskörper

Aluminium-, Nickel-, Email-Kochgeschirre ▭ Kücheneinrichtungen

Silberbestecke von Christofle, Geislingen u. s. w.

Feinste Solinger Stahlwaren ▭ Haushaltungsgegenstände.

Feine Eisen-, Stahl-, Messing- und Nickelwaren. Bau- u. Möbelbeschläge.

Eigene Glas-Fabrik in Gaggenau.

Hauptniederlage und Alleinverkauf der Rex-Einkoch-Aparate.

Rechnung für Herrn v. Schulze Gaevernitz, Hochwohlge.

	á	M	₰
6 St. Löffel	25	1	50
3 " Cafe "	20		60
4 " Eierbecher	15		60
	M	2	70

Erhalten
Spiegelhalder Kirner & Cie.
1.5.09.

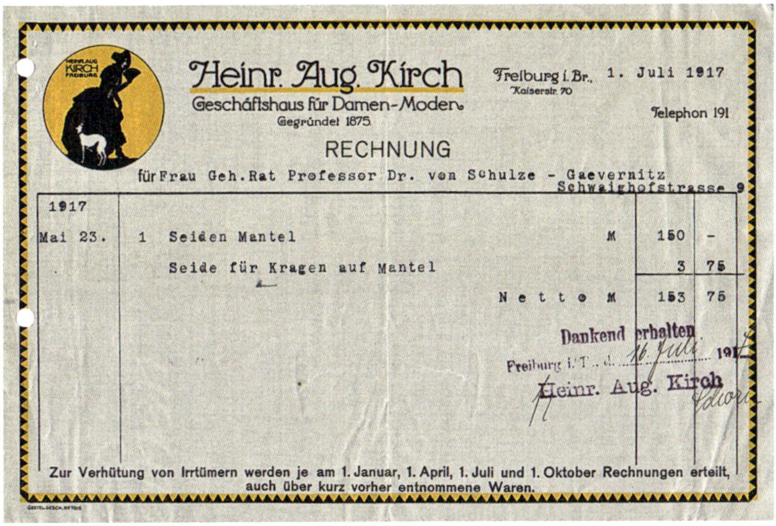

Heinr. Aug. Kirch
Geschäftshaus für Damen-Moden
Gegründet 1875

Freiburg i. Br., Kaiserstr. 70

1. Juli 1917

Telephon 191

RECHNUNG

für Frau Geh. Rat Professor Dr. von Schulze - Gaevernitz
Schwaighofstrasse 9

1917					
Mai 23.	1	Seiden Mantel	M	150	-
		Seide für Kragen auf Mantel		3	75
		Netto	M	153	75

Dankend erhalten
Freiburg i. B., d. 16. Juli 1917
Heinr. Aug. Kirch

Zur Verhütung von Irrtümern werden je am 1. Januar, 1. April, 1. Juli und 1. Oktober Rechnungen erteilt, auch über kurz vorher entnommene Waren.

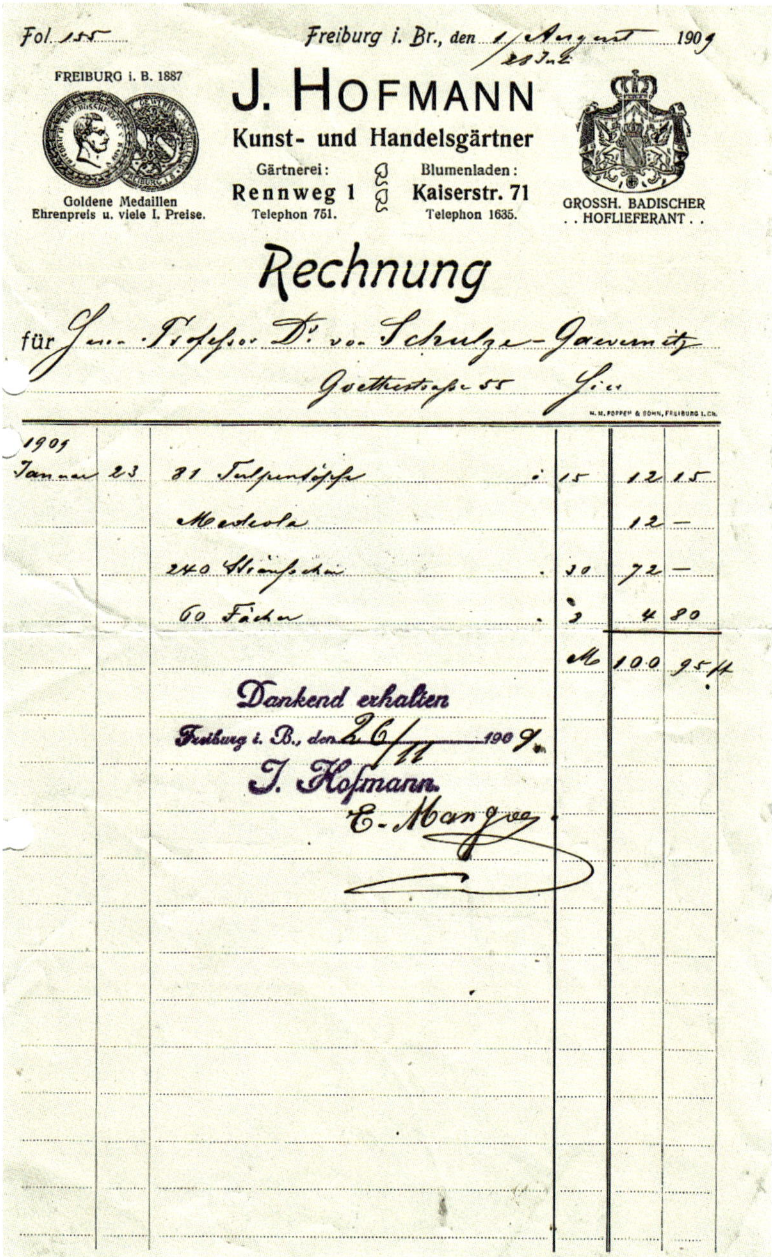
Fol. 155 Freiburg i. Br., den 1. August 1909

FREIBURG i. B. 1887

Goldene Medaillen
Ehrenpreis u. viele I. Preise.

J. HOFMANN
Kunst- und Handelsgärtner

Gärtnerei:
Rennweg 1
Telephon 751.

Blumenladen:
Kaiserstr. 71
Telephon 1635.

GROSSH. BADISCHER
. . HOFLIEFERANT . .

Rechnung

für Herrn Professor Dr. von Schulze-Gaevernitz
Goethestraße 55 Hier

H. M. POPPEN & SOHN, FREIBURG i. BR.

1909 Januar	23	81 Tulpentöpfe	.15	12.15
		Medeola		12 —
		240 [illegible]	.30	72 —
		60 Fächer	.8	4.80
			M	100.95

Dankend erhalten
Freiburg i. B., den 26/11 1909.
J. Hofmann.
E. Manger

suchte sich Frau vSG eine Seidenbluse für 150.00 RM aus, dazu kam noch Seide für die Nachbesserung eines Mantelkragens zum Preis von 3.75 RM. Wohl zur Ausstattung eines größeren Familienfestes gab Frau vSG bei der Kunst- und Handelsgärtnerei J. Hofmann in der KStr. 71 folgende Bestellung in Auftrag: 81 Tulpentöpfe (12.15 RM), 240 Blumen-

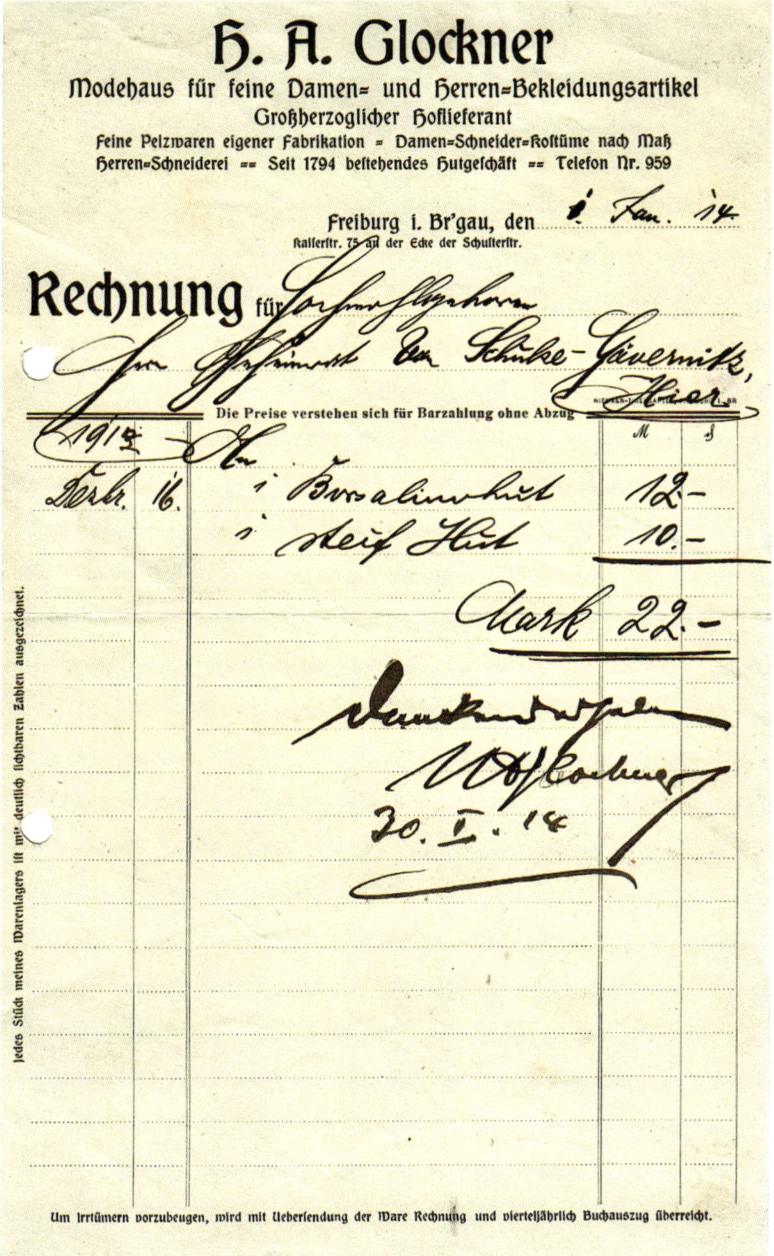

H. A. Glockner
Modehaus für feine Damen= und Herren=Bekleidungsartikel
Großherzoglicher Hoflieferant
Feine Pelzwaren eigener Fabrikation = Damen=Schneider=Kostüme nach Maß
Herren=Schneiderei == Seit 1794 bestehendes Hutgeschäft == Telefon Nr. 959

Freiburg i. Br'gau, den 1 Jan. 14
Kaiserstr. 75 an der Ecke der Schusterstr.

Rechnung für Hochwohlgeboren
Frau Geheimrat von Schulze-Gaevernitz,
Hier

Die Preise verstehen sich für Barzahlung ohne Abzug

			M	$
1913		An		
Dezbr.	16.	1 Borsalinohut	12.–	
		1 steif Hut	10.–	
		Mark	22.–	

Dankend erhalten
H A Glockner
30. I. 14

Jedes Stück meines Warenlagers ist mit deutlich sichtbaren Zahlen ausgezeichnet.

Um Irrtümern vorzubeugen, wird mit Ueberfendung der Ware Rechnung und vierteljährlich Buchauszug überreicht.

sträuße (72.00 RM) und 60 Fächer (4.20 RM). Beim Modehaus Glockner, ein schon seit 1794 existierendes Spezialgeschäft für Hüte, in der KStr. 75 erwarb Frau vSG einen »Borsalinohut« für 12.00 RM und für den Sohn eine gefütterte Mütze zu 1.20 RM. Gegenüber, beim Schuhhaus Friedrich Soeder (mit Alleinvertretungsrecht für Salamander!), wurde die

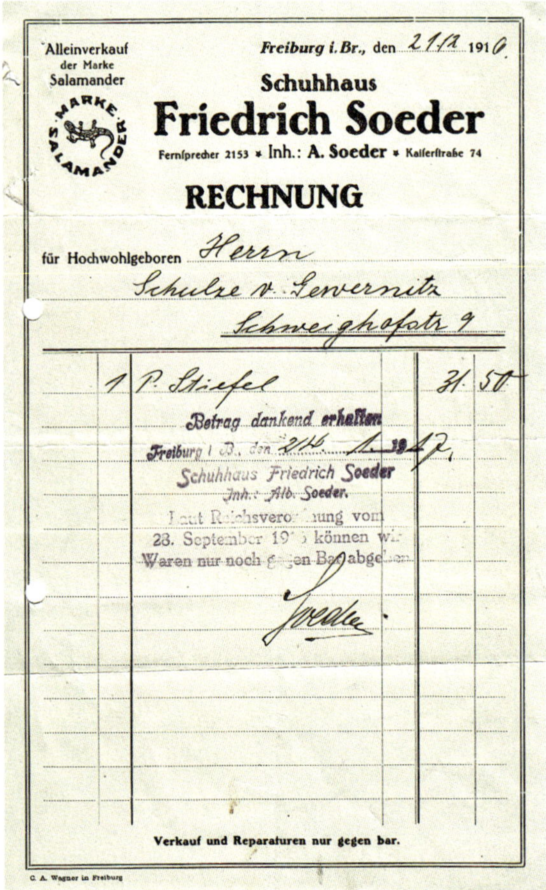

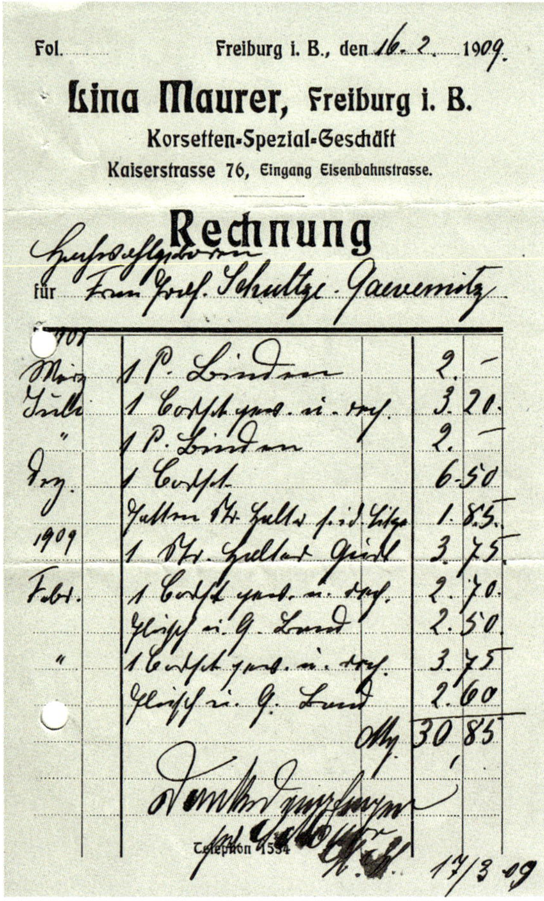

Lieferung von 1 Paar Stiefel zum Preis von 31.50 RM vereinbart. Nebenan, beim Korsettenspezialgeschäft von Lina Maurer, beschränkte sich der bescheidene Einkauf auf 1 Korsett für 6.50 RM, 4 m Litze für 1.50 RM und ein Paar Bänder für 2.00 RM.

Zwischendurch wurde beim Bäcker Albert Berlinger (KStr. 77) auch an das leibliche Wohl gedacht. Ein Paket Waffeln für 1.00 RM und ein Streuselkuchen für 1.80 RM standen auf der Einkaufsliste. Im Gummi-, Guttapercha- und Asbestwarenhaus Hill & Müller wurde 1 Paar Turnschuhe (2.60 RM) erstanden. Beim Kaufhaus Modern GmbH in der KStr. 78–80 war es wieder teurer: 7 m Batist für 22.75 RM. Im Kaufhaus C. Werner Blust kaufte Frau vSG »einfache« Waren für das Hausmädchen: 1 Paar Handschuhe (1 RM), 1 Mütze (1.80 RM), 1 Paar Strümpfe (1.20 RM), 1 Hemdhose (3.75 RM) und dazu eine Packung Stechnadeln für 50 RPf.

Hill & Müller

Gummiwarenhaus

Kaiserstr. 77 Freiburg i. B. Telefon 1254

Alle Artikel zu Maschinenbetrieben.

Sämtliche Artikel zur Kranken- u. Kinderpflege

Sport-Artikel.

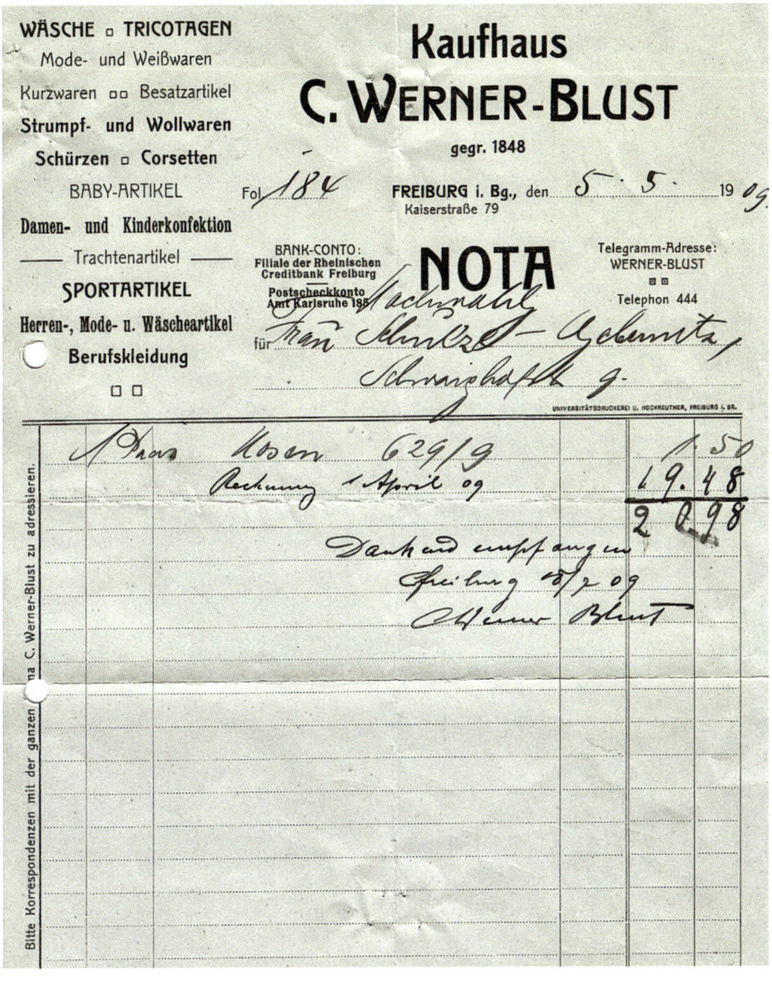

WÄSCHE ▫ TRICOTAGEN
Mode- und Weißwaren
Kurzwaren ▫▫ Besatzartikel
Strumpf- und Wollwaren
Schürzen ▫ Corsetten
BABY-ARTIKEL
Damen- und Kinderkonfektion
Trachtenartikel
SPORTARTIKEL
Herren-, Mode- u. Wäscheartikel
Berufskleidung

Kaufhaus
C. WERNER-BLUST
gegr. 1848

Fol 184 FREIBURG i. Bg., den 5. 5. 1909
Kaiserstraße 79

BANK-CONTO:
Filiale der Rheinischen Creditbank Freiburg
Postscheckkonto Amt Karlsruhe 185

NOTA

Telegramm-Adresse:
WERNER-BLUST
Telephon 444

Nachzahlung für Frau [illegible]

UNIVERSITÄTSDRUCKEREI U. HOCHREUTHER, FREIBURG I. BR.

1 Paar Hosen 629/9		1.50
Rechnung 1 April 09		19.48
		20.98

Dankend empfangen
Freiburg 6/7 09
C. Werner Blust

Bitte Korrespondenzen mit der ganzen Firma C. Werner-Blust zu adressieren.

Geruchlose
Nachtstühle

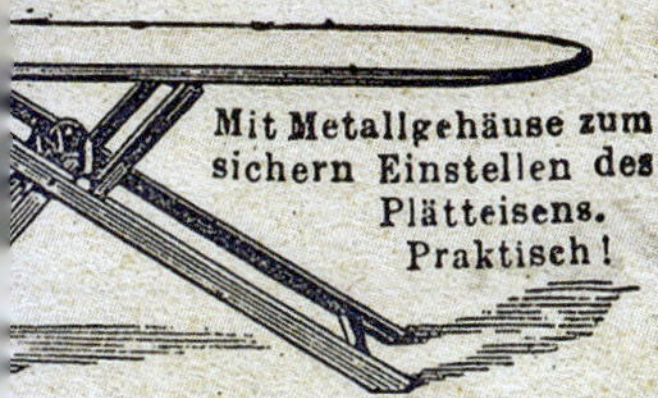

Ganz zusammenlegbar.
Grössen mit und ohne Bock.
Zweckmässigste dieser Art.

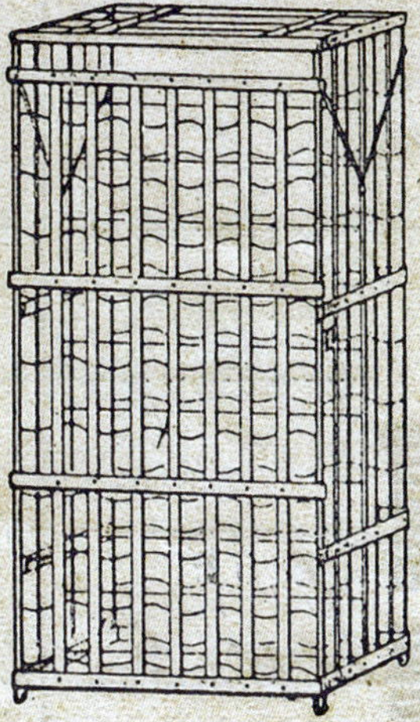

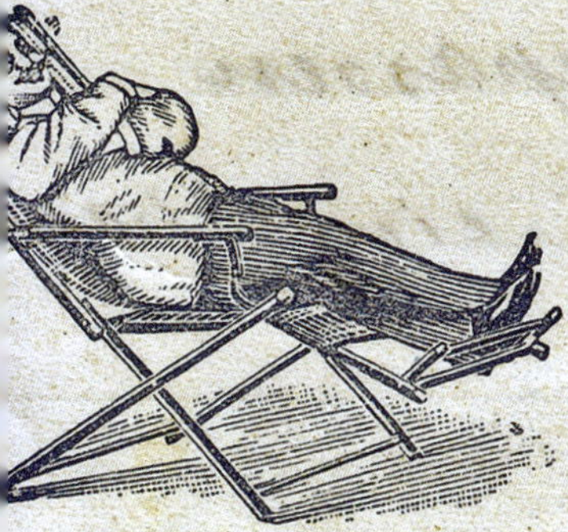

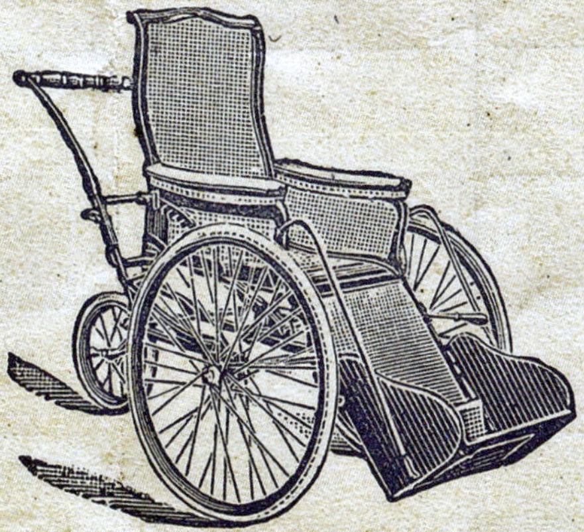

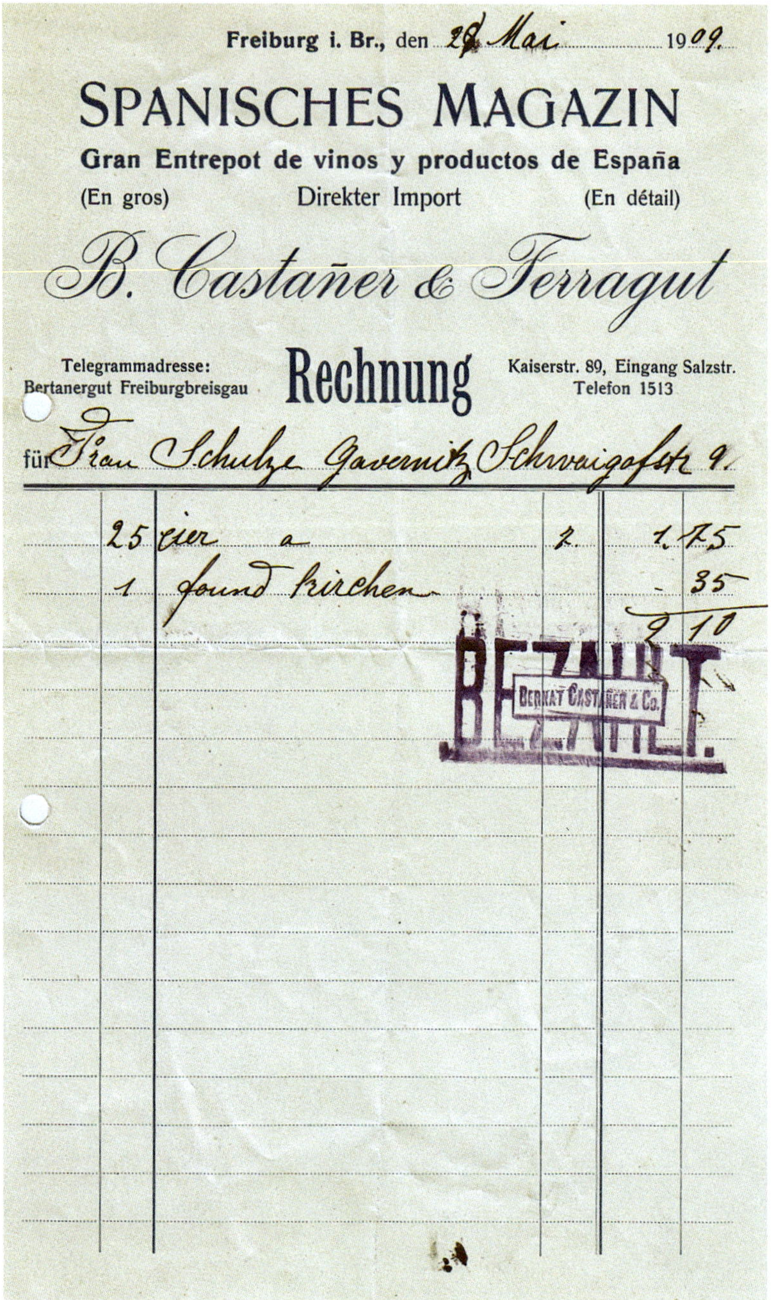

Freiburg i. Br., den 28 Mai 1909

SPANISCHES MAGAZIN

Gran Entrepot de vinos y productos de España

(En gros) Direkter Import (En détail)

B. Castañer & Ferragut

Telegrammadresse: Bertanergut Freiburgbreisgau

Rechnung

Kaiserstr. 89, Eingang Salzstr. Telefon 1513

für Frau Schulze Gaevernitz Schwaigofstr. 9.

25	Eier à	7	1.75
1	Pfund Kirschen		-.35
			2.10

BEZAHLT. BERNAT CASTAÑER & Co.

Beim Spanischen Magazin in der KStr. 98 gab es Lebensmittel: 25 Eier für 1.75 (RM) sowie 1 Pfund Kirschen für 35 RPf. Auf der anderen Straßenseite (Nr. 78–80) gab es einen Reisekorb für 1.40 RM von der Korbwarenfabrik Emil Merkle. Von Rudolf Becker in der KStr. 99 wurden

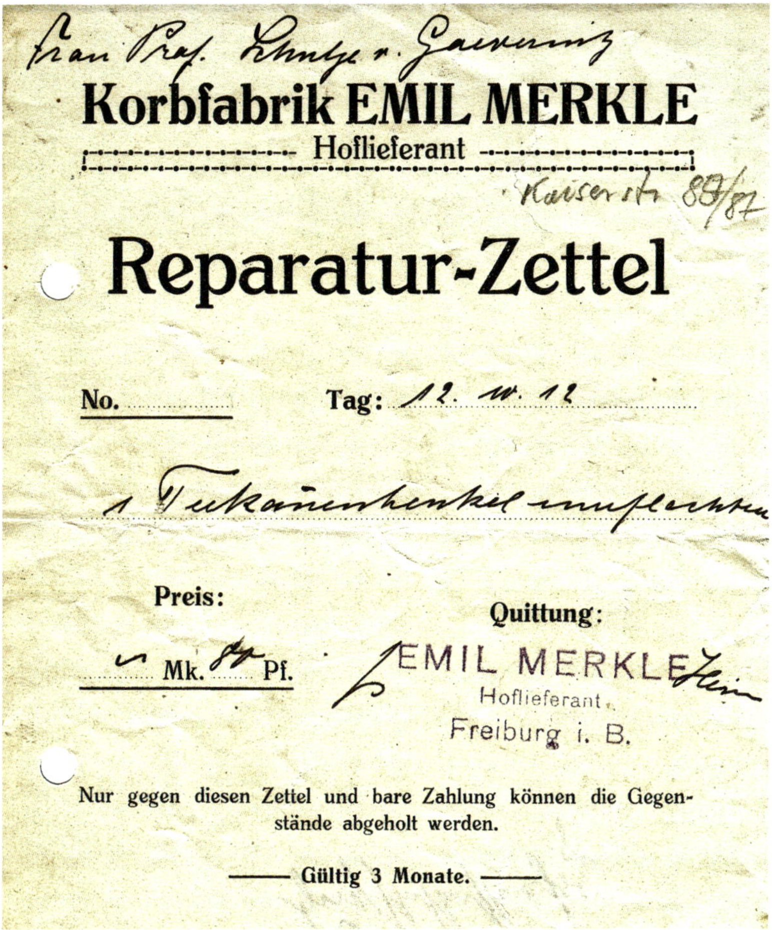

Frau Prof. Schultze v. Gaevernitz

Korbfabrik EMIL MERKLE

Hoflieferant

Kaiserstr. 88/87

Reparatur-Zettel

No. .... **Tag:** 12. IV. 12

1 Teekannenhenkel umflechten

Preis:

~ Mk. 80 Pf.

Quittung:

EMIL MERKLE
Hoflieferant
Freiburg i. B.

Nur gegen diesen Zettel und bare Zahlung können die Gegenstände abgeholt werden.

— Gültig 3 Monate. —

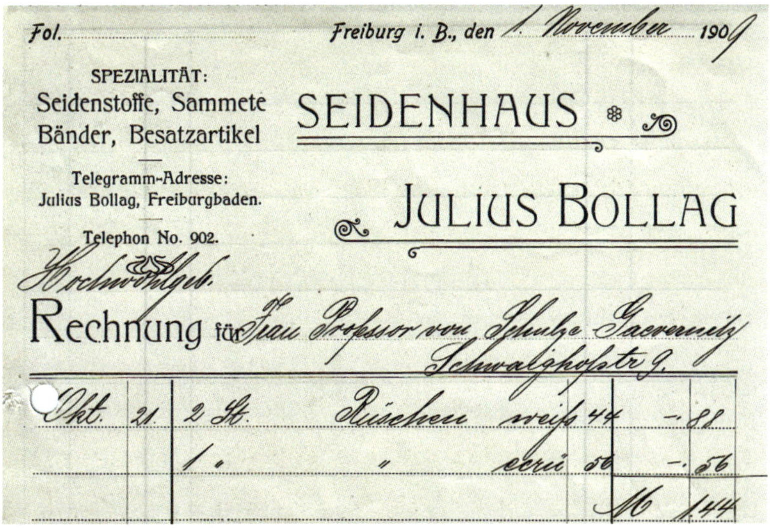

Fol. .... Freiburg i. B., den 1. November 1909

SPEZIALITÄT:
Seidenstoffe, Sammete
Bänder, Besatzartikel

Telegramm-Adresse:
Julius Bollag, Freiburgbaden.

Telephon No. 902.

SEIDENHAUS

JULIUS BOLLAG

Hochwohlgeb.
Rechnung für Frau Professor von Schulze Gaevernitz
Schwalghofstr. 9

Okt.	21	2 St.	Rüschen weiß	44	-.88
		1 "	" ecru	56	-.56
				M	1.44

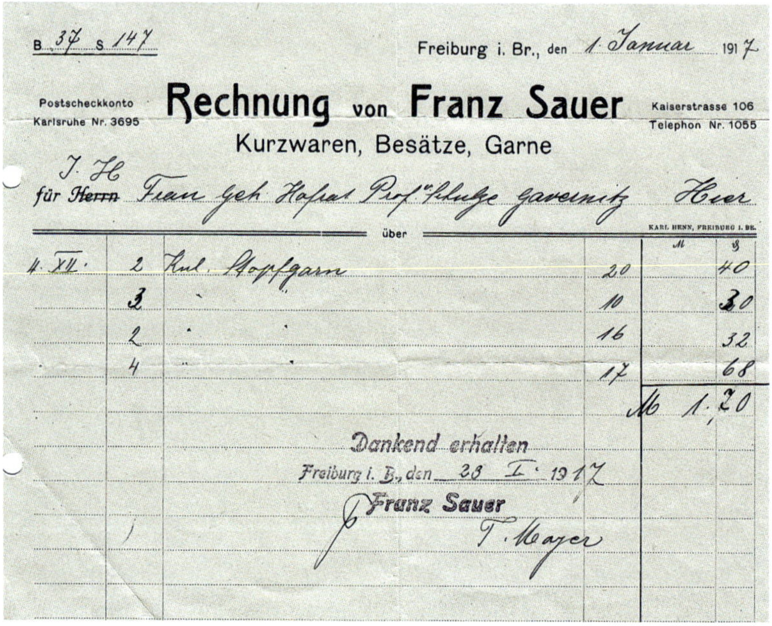

B 37 S 147 — Freiburg i. Br., den 1. Januar 1917

Postscheckkonto Karlsruhe Nr. 3695 — **Rechnung von Franz Sauer** — Kaiserstrasse 106, Telephon Nr. 1055

Kurzwaren, Besätze, Garne

J. H.

für ~~Herrn~~ Frau geh. Hofrat Prof. v. Schulze Gaevernitz Hier

Karl Henn, Freiburg i. Br.

über

				M	Pf
4. XII.	2	Knl. Stopfgarn	20		40
	3	"	10		30
	2	"	16		32
	4	"	17		68
				M 1,	70

Dankend erhalten
Freiburg i. B., den 28. I. 1917
Franz Sauer
p. T. Mayer

6 Taschentücher für 6.25 RM, 6 weitere Taschentücher für 5.50 RM und eine Schürze für glatte 6.00 RM eingekauft. Beim Seidenhaus von Julius Bollag (KStr. 103) verfiel die Seidenliebhaberin Frau vSG in einen Kaufrausch. So erstand sie vier Seidenkleider zu Preisen von 25, 50, 75 und 95 RM sowie 2 m blauen Seidenstoff für 20 RM. Es folgte nun noch der bescheidene Einkauf von vier Sorten Stopfgarn (1.20 RM) bei Franz Sauer, im Spezialgeschäft für Kurzwaren, Besätze und Garne. Zu guter Letzt wurde bei Jean Konrad Nachfolger (Gummiwaren, KStr. 107) die Lieferung von zwei Wärmeflaschen (2.40 RM) sowie 22 m roter Gummischlauch für 37.40 RM beauftragt.

Da Professor vSG viel Zeit mit seinen politischen Aktivitäten in Berlin verbringen musste, kam er nur selten in den Genuss, selbst einzukaufen. Dennoch soll hier ein Streifzug von ihm durch die Kaiserstraße (KStr.) skizziert werden. Als gut verdienendes Oberhaupt der Familie konnte er sich auch teure Einkäufe leisten und so begann er seine Shoppingtour beim Großherzoglichen Hofjuwelier Friedrich Lodholz in der KStr. 64 mit dem Kauf eines Colliers aus 750er Gelbgold für 350 RM, das als Geschenk für seine tüchtige Gattin gedacht war. Danach wurde die eigene Bekleidung aufgebessert und zwar, durch den Kauf einer Skihose (19.80 RM) verbunden mit dem Kauf von Skistöcken (6 RM)

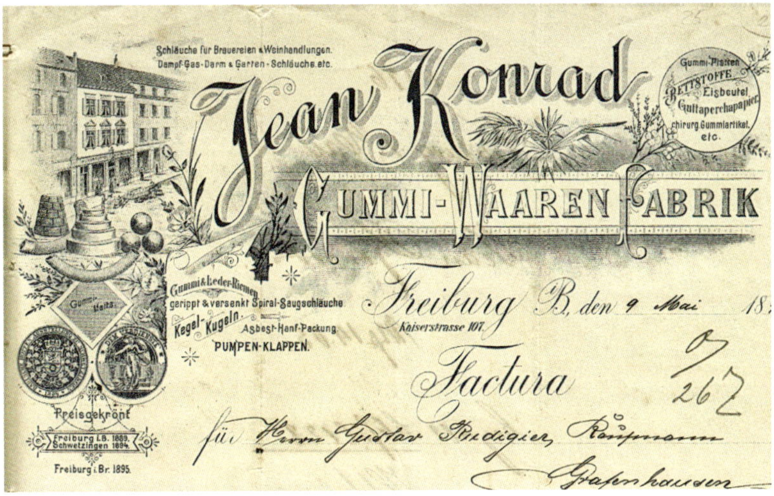
Schläuche für Brauereien & Weinhandlungen.
Dampf-Gas-Darm & Garten-Schläuche etc.
Jean Konrad
Gummi-Platten
BETTSTOFFE
Eisbeutel
Guttaperchapapier
chirurg. Gummiartikel
etc.
GUMMI-WAAREN FABRIK
Gummi & Leder-Riemen
gerippt & versenkt Spiral-Saugschläuche
Kegel-Kugeln.
Asbest-Hanf-Packung
PUMPEN-KLAPPEN.
Freiburg B., den 9 Mai 18
Kaiserstrasse 107.
Factura
Preisgekrönt
Freiburg i.B. 1889.
Schwetzingen 1894.
Freiburg i. Br. 1895.

Telefon No 234.
Grossherz. Badisch. Hoflieferant
Gummi-Waren-Haus
Preisgekrönt.
Freiburg i. Br. 1889.
Schwetzingen 1894.
Freiburg i. Br. 1894.
Freiburg i. Br. 1895.
Baden-Baden 1896.
Colmar 1900.
Jean Konrad
FREIBURG i. B.
den 16. Juni 1906
Factura für

Freiburg i. Breisgau, den 4 Juni 1892
Gummi-Waaren
Fabrik
JEAN KONRAD
Schiffstrasse 20.
FREIBURG i. B.
Gummi-Platten
Asbest-Hanf-Packung
Pumpen-Klappen
Kegel-Kugeln.
Schläuche für Brauereien & Weinhandlg.
Dampf-Gas-Darm- & Garten-Schläuche
etc.
Factura
BETTSTOFFE,
Eisbeutel,
Guttaperchapapier
chirurg. Gummiartikel.
etc.
für

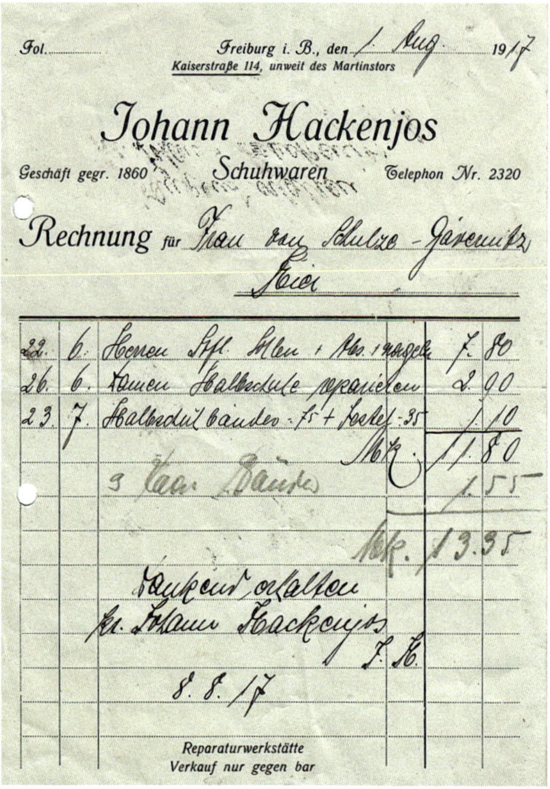

Fol. Freiburg i. B., den 1. Aug. 1917
Kaiserstraße 114, unweit des Martinstors

Johann Hackenjos

Geschäft gegr. 1860 Schuhwaren Telephon Nr. 2320

Rechnung für Frau von Schulze-Gävernitz
Hier

22.	6.	Herren …	7.80
26.	6.	Damen Halbschuhe reparieren	2.90
23.	7.	Halbschuh …	1.10
		Mk.	11.80
		3 …	1.55
		Mk.	13.35

Dankend erhalten
pr. Johann Hackenjos
J. H.
8. 8. 17

Reparaturwerkstätte
Verkauf nur gegen bar

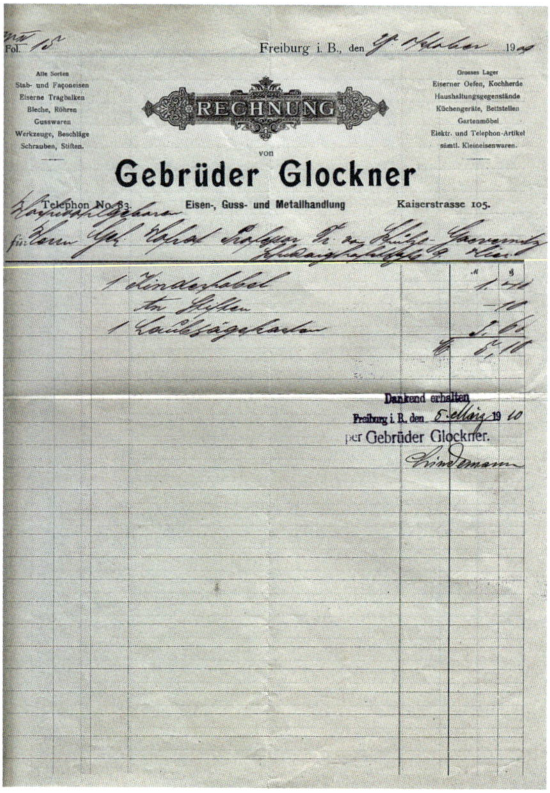

Fol. 15 Freiburg i. B., den 25. Oktober 19..

Alle Sorten
Stab- und Façoneisen
Eiserne Tragbalken
Bleche, Röhren
Gusswaren
Werkzeuge, Beschläge
Schrauben, Stiften.

RECHNUNG
von
Gebrüder Glockner

Grosses Lager
Eiserner Oefen, Kochherde
Haushaltungsgegenstände
Küchengeräte, Bettstellen
Gartenmöbel
Elektr. und Telephon-Artikel
sämtl. Kleineisenwaren.

Telephon No. 83. Eisen-, Guss- und Metallhandlung Kaiserstrasse 105.

für …

1 Kinderhobel
1 Laubsägekasten

Dankend erhalten
Freiburg i. B. den 5. März 1910
per Gebrüder Glockner.
Lindemann

beim Kaufhaus C. Werner Blust. Bei Gustav Feltmann & Cie. in der KStr. 112 erstand er einen vornehmen Anzug aus erstklassigem Stoff für 110 RM, ein Preis. Dazu kam eine Sporthose für 16.50 RM. Nebenan beim Schuhhaus Hackenjos wurde die Reparatur von Reitstiefeln mit 7.80 RM beglichen. Schließlich wollte er noch Weihnachtsgeschenke für die Kinder. Das war ein Laubsägekasten (2.60 RM) für den Sohn und eine (nicht als Geschenk gedachte) Sichel für 90 RPf. Diese Einkäufe tätigte er bei der Eisenwaren Großhandlung und Haushaltswarengeschäft Gebrüder Glockner in der KStr. 105. Der krönende Abschluss war ein Besuch bei Adolf Gerteis in der KStr. 160. Hier entschied sich der dreifache Vater den beiden älteren Kindern Fahrräder der Marke Adler zu schenken. Für die beiden Luxusmodelle mit Torpedoleerlauf musste er 180.00 RM auf den Ladentisch blättern. Ein Maurer hätte dafür fünf Wochen arbeiten müssen. Mit sich und der Welt zufrieden, bestieg vSG die Straßenbahn an der Haltestelle Friedrichsbau und fuhr zur Urachstraße zurück.

TELEPHON No. 117

ADOLF GERTEIS · Freiburg i. B.

Motorfahrzeuge
Fahrräder ◦ ◦ ◦ ◦

Schreibmaschinen
Nähmaschinen ◦ ◦ ◦

Garage mit Reparaturwerkstätte
Pneumatic-Stock, Benzin, Oel

Grosse gedeckte Halle
zum Einstellen von Motorwagen

Fol. K.B. 355.

Hochwohlgeboren

Freiburg i. B., den 1.Juli 1910
160 Kaiserstraße 160

Rechnung für Herrn Professor von Schulze - Gaevernitz,

Hier Schwaighofstr. 9.

H. M. POPPEN & SOHN, FREIBURG I. BR.

Ich sende Ihnen auf gefl. Ordre für Ihre werte Rechnung und Gefahr per

1910						
Juni	17.	An:				
		1 „ADLER" 39 N mit Torpedofreilauf Nº 380308 Ausnahmsweise.			M 180.--	
		da zwei Räder gekauft.			Rein netto Kasse	
		Ein Jahr Garantie.				

Ihrer sehr geschätzten Mitteilung, ob ich die zweite Maschine in Nº 38 oder Nº 39 in Nota nehmen darf, sehe gerne entgegen und zeichne

hochachtungsvoll ergebenst
p. d. O.

T. K. 8322.-

Reklamationen können nur innerhalb 8 Tage nach Empfang der Ware ge[illegible]ht werden.
Emballagen werden berechnet aber nicht zurückgenommen.
Erfüllungsort für Lieferung und Zahlung: Freiburg i. B.

Um Irrtümer zu vermeiden erfolgt Rechnung am 1. Januar, 1. April, 1. Juli und 1. Oktober eines jeden Jahres.

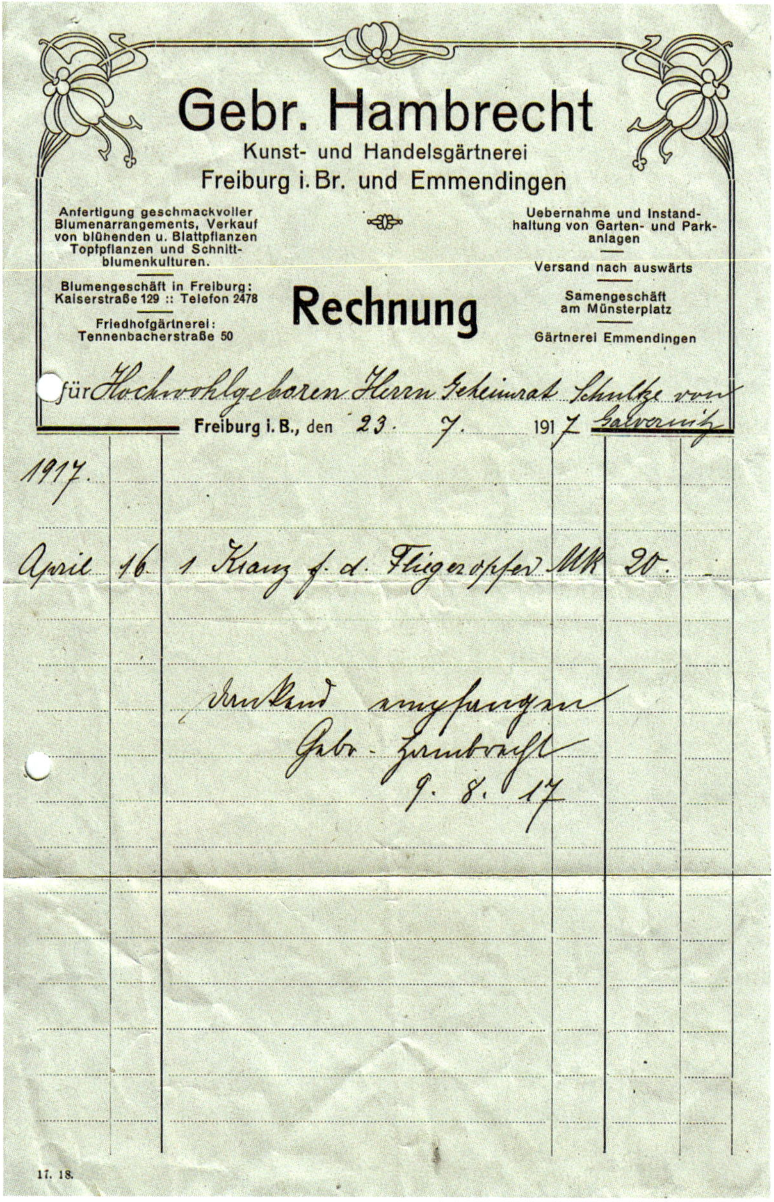

Gebr. Hambrecht
Kunst- und Handelsgärtnerei
Freiburg i. Br. und Emmendingen

Anfertigung geschmackvoller Blumenarrangements, Verkauf von blühenden u. Blattpflanzen Topfpflanzen und Schnittblumenkulturen.

Blumengeschäft in Freiburg: Kaiserstraße 129 :: Telefon 2478

Friedhofgärtnerei: Tennenbacherstraße 50

Uebernahme und Instandhaltung von Garten- und Parkanlagen

Versand nach auswärts

Samengeschäft am Münsterplatz

Gärtnerei Emmendingen

Rechnung

für Hochwohlgeboren Herrn Geheimrat Schultze von Gaevernitz

Freiburg i. B., den 23. 7. 1917

1917.

April 16 1 Kranz f. d. Fliegeropfer Mk 20.–

Dankend empfangen
Gebr. Hambrecht
9. 8. 17

17. 18.

Abschließend soll ein besonderer Einkauf erwähnt werden, den Frau vSG für ihren Mann im April 1917 bei den Gebrüdern Hambrecht in Auftrag gab. Es handelte um einen großen, repräsentativen Kranz für die Opfer des Fliegerangriffs am 14. April 1917. Im Unterschied zum Zweiten Weltkrieg war Freiburg im Ersten Weltkrieg Frontstadt. Die verlief auf dem Höhenkamm der Vogesen. Bei guter Sicht konnten

Gerhart von Schulze-Gaevernitz wurde als Sohn des Staatsrechtslehrers Hermann von Schulze-Gaevernitz am 25. Juli 1864 in Breslau geboren. Er besuchte in Breslau Grundschule und Gymnasium und studierte nach dem Abitur Rechtswissenschaften in Heidelberg, Göttingen, Leipzig, Berlin und Moskau. Er absolvierte die Referendarzeit in Straßburg und Colmar und war nach Bestehen der Großen Juristischen Staatsprüfung zunächst bei der Norddeutschen Bank in Hamburg tätig. Während dieser Tätigkeit schrieb er eine Doktorarbeit und wurde als »Externer« an der Universität Göttingen zum Doktor der Rechte promoviert. Danach erreichte er seine Habilitation als Jurist an der Universität Leipzig. Im Jahre 1891 wurde er dort mit einer Doktorarbeit über das Thema »Carlyles Stellung zu Christentum und Revolution« im Fach Philosophie promoviert. Im Jahre 1893 wurde er zum außerordentlichen Professor für Volkswirtschaft an die Universität Freiburg i. Br. berufen. Drei Jahre später wurde er zum Ordinarius ernannt und lehrte in dieser Funktion bis zu seiner Emeritierung im Jahre 1923. Er nahm 1924 eine Gastprofessur in den USA an, und trat in der Folgezeit der Bewegung der Quäker bei. Er starb am 10. Juli 1943 in Krainsdorf.

Gerhart vSG war mit Johanna Hirsch (*1876 in Mannheim; †1937 in Ascona) verheiratet und hatte drei Kinder: Ruth (1898–1993, Historikerin), Gero (1901–1970, Ökonom in den USA, zeitweise im Dienst des amerikanischen Außenministeriums) und Margiana (1904–1989).

Die Familie vSG wohnte bis einschließlich 1943 in der Schwaighofstraße 9, nach Ende des Zweiten Weltkrieges ist sie in Freiburg nicht mehr nachweisbar. Die politischen Aktivitäten von Gerhart vSG begannen in seiner Freiburger Zeit mit der Mitgliedschaft in der *Freisinnigen Vereinigung,* für die er sich 1898 erstmals, allerdings erfolglos, um einen Sitz im Reichstag bewarb. Diese Vereinigung ging in der *Fortschrittlichen Volkspartei* auf. Für diese linksliberale Partei zog er 1911 in den Wahlkampf, diesmal mit Erfolg, so dass er 1912 zum Mitglied des Reichstages gewählt wurde, dem er bis 1918 angehörte. Als Reichstagsabgeordneter vertrat er nicht nur das Programm seiner Partei, sondern auch die regionalen Interessen des Wahlkreises Freiburg i. Br. (Wahlkreis Großh. Baden 5). Nach dem Ersten Weltkrieg trat er der *Deutschen Demokratischen Partei* (DDP) bei und war in den Jahren 1919/20 Mitglied der Weimarer Nationalversammlung. Nach der Rückkehr aus den USA war Gerhart vSG politisch nicht mehr aktiv.

die Freiburger nachts das Aufblitzen der Kanonenschüsse (und deren Lärm) wahrnehmen. Trotz der geringen Leistungsfähigkeit der damaligen Kampfflugzeuge lag Freiburg in Reichweite der französischen und britischen Bomber. Der erste Angriff feindlicher Flugzeuge erfolgte am 4. Dezember 1914. Die meisten Angriffe richteten wenig Schaden an, weil nur wenige Flugzeuge im Einsatz waren und nur kleine Bomben fielen. Am 14. April 1917 flogen aber neun britische Bomber in zwei Wellen Angriffe auf Stühlinger und Wiehre, wobei Bahnhöfe und Fabrikanlagen das Hauptziel waren. Dabei wurden Bomben mit 25 kg Sprengstoff verwendet, so dass erhebliche Gebäudeschäden und neun Tote zu beklagen waren. Die Flak auf dem Schlossberg verfügte nur über wenige, veraltete Kanonen und die Jagdflieger, die auf dem Flugplatz stationiert waren, brauchten zu lange, um nach der ersten Sichtung der Feindflugzeuge in die Luft zu kommen. Der Bombenangriff vom April 1917 erschütterte das Vertrauen der Freiburger in ihre Verteidigung. In der Folgezeit zogen mehrere hundert, meist wohlhabende Familien aus Freiburg weg. Die Familie vSG blieb und hielt es aus moralischen wie aus politischen Gründen für geboten, ihre Anteilnahme mit den Opfern und deren Hinterbliebenen durch einen stattlichen Kranz zum Ausdruck zu bringen.

▶▶
Auf der Rückseite ihrer Rechnungen (S. 66 und 68) legte die Fa. Adolf Speh ihrer Kundschaft Rezepte mit »Liebig's Fleisch-Extract« ans Herz.

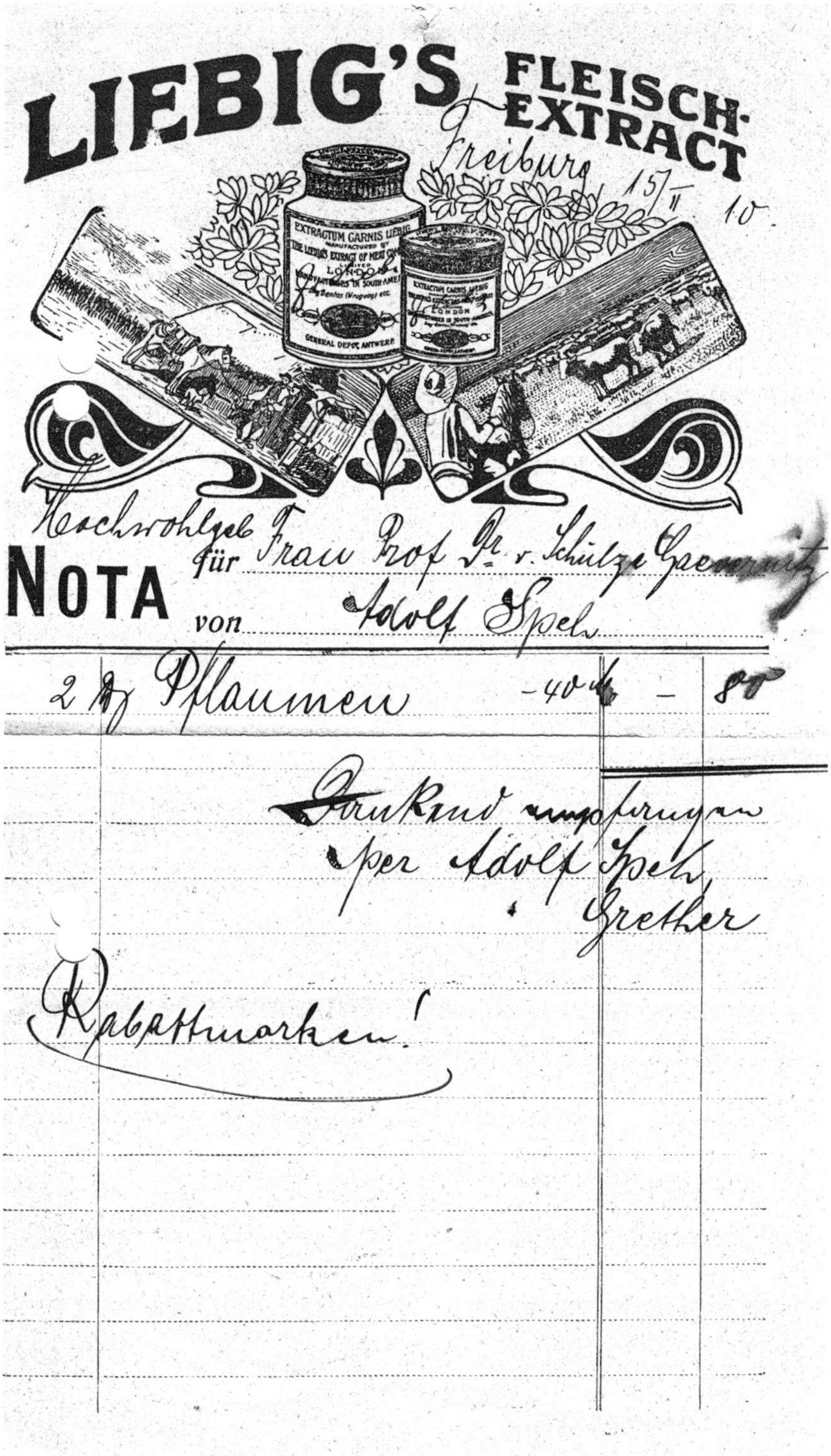
LIEBIG'S FLEISCH-EXTRACT

EXTRACTUM CARNIS LIEBIG

GENERAL DEPOT ANTWERP

Freiburg, 15/II 10.

Hochwohlgeb.

NOTA für Frau Prof. Dr. v. Schulze-Gaevernitz

von Adolf Spel

2 Pfd	Pflaumen	-40 ₰	- 80

Dankend empfangen

per Adolf Spel,

Grether

Rabattmarken!

WILD UND GEFLÜGEL.

Geschmorter Hase.
Bereitungszeit: 1¾ Stunde. 3—5 Personen.

In einer Kasserolle werden 125 g würflig geschnittener Speck zerlassen, der gehäutete, in Stücke zerteilte Hase darin gebräunt, mit 2 Löffeln Mehl bestäubt, 2 kleine Zwiebeln, Salz, 10 Pfefferkörner, 2 Gewürznelken, 1 Lorbeerblatt, ½ l siedendes Wasser und 1 Theelöffel Liebig's Fleisch-Extract hinzugefügt, womit man den Braten ½ Stunde schmoren läßt; nach Zugießen von 2 Glas Madeira läßt man noch ¾ Stunde weiterschmoren. Die auf ¾ l eingekochte, durchgeseihte und entfettete Sauce wird über dem Braten aufgegeben.

Fricandeaus von Reh.
Bereitungszeit: 1¼ Stunde. 3 Personen.

Aus einer abgelegenen mürben Rehkeule werden die nötige Anzahl Fricandeaus (1—1½ kg) gelöst, gehäutet, gespickt und gesalzen in die Bratpfanne auf dünne Speckplatten gelegt. In reichlich Butter läßt man sie bräunen, fügt dann nach und nach ¼ l Wasser und ½ Theelöffel Liebig's Fleisch-Extract daran, überzieht die Fricandeaus mit ⅛ l saurer Sahne und läßt sie unter fleißigem Begießen fertig braten. Die kurz eingekochte Sauce wird durchgeseiht und neben dem Braten in einer Sauciere serviert.

Ente mit Rotwein.
Bereitungszeit: 1¼ Stunde. 3 Personen.

Eine gesäuberte und dressierte große Ente wird in Butter von allen Seiten hellbraun angebraten, Salz, 1 Zwiebel, Gewürzkörner, Zitronenschale, nach und nach ¼ l Wasser und ½ Theelöffel Liebig's Fleisch-Extract hinzugefügt und damit weitere 20 Minuten gedämpft, wonach man ¼ l Rotwein angießt, die Sauce mit einer hellen Mehlschwitze bindet und die Ente darin gar braten läßt. Die durchgeseihte und entfettete Sauce untermischt man noch mit einer in Scheiben geschnittenen und in Rotwein gedünsteten Trüffel samt ihrem Fond und serviert sie in der Sauciere oder richtet sie über der Ente an.

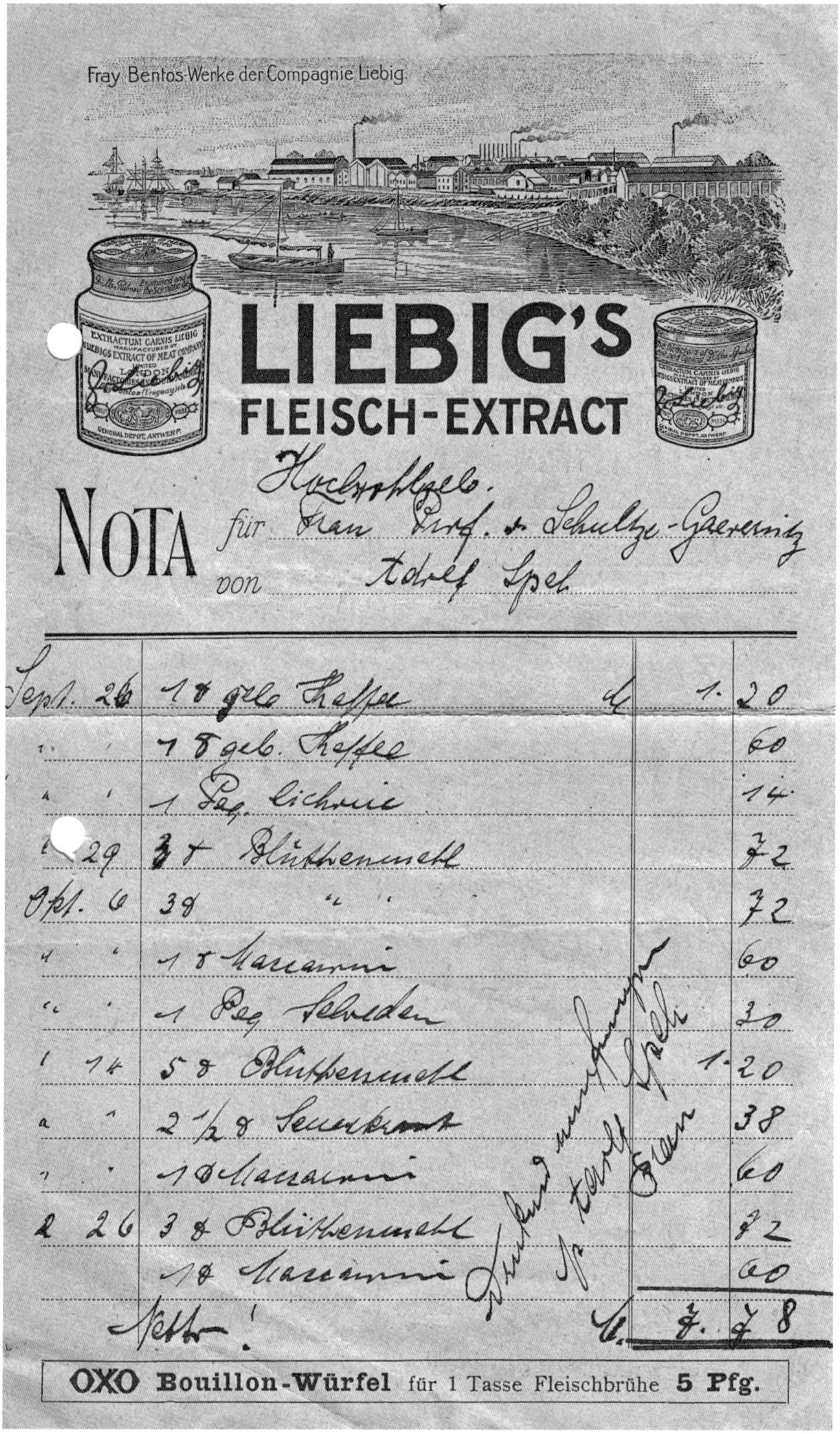
Fray Bentos-Werke der Compagnie Liebig.

LIEBIG'S
FLEISCH-EXTRACT

NOTA für Hochwohlgeb. Frau Prof. v. Schultze-Gaevernitz
von Adolf Spel

Sept. 26	1 ℔ geb. Kaffee	1.	20
" "	½ ℔ geb. Kaffee		60
" "	1 Pag. Cichorie		14
" 29	3 ℔ Blütenmehl		72
Okt. 6	3 ℔ " "		72
" "	1 ℔ Maccaroni		60
" "	1 Pag. Schweden		30
" 14	5 ℔ Blütenmehl	1.	20
" "	2½ ℔ Sauerkraut		38
" "	1 ℔ Maccaroni		60
" 26	3 ℔ Blütenmehl		72
	1 ℔ Maccaroni		60
Netto!		M. 7.	78

Dankend empfangen
Adolf Spel

OXO Bouillon-Würfel für 1 Tasse Fleischbrühe 5 Pfg.

Suppen

Klare Bouillon mit Einlagen.
Bereitungszeit: $1^{3}/_{4}$ Stunde. 3 Personen.

Fleischabfälle, welche sich beim Zurichten des Bratens ergeben, oder 250 g in Würfel geschnittenes Ochsenfleisch (Beinfleisch) werden mit 2 l Wasser, Wurzelwerk und dem nötigen Salz $1^{1}/_{2}$ Stunde gekocht. Zu der durchgeseihten entfetteten Brühe (etwa 1 l) fügt man 1 Teelöffel Liebig's Fleisch-Extract und 15 g Tafelbutter oder ebensoviel zerlassenes durchgestrichenes Ochsenmark, lässt hiermit die Bouillon aufkochen und richtet sie in der Terrine über die Einlagen an. Als Suppeneinlagen eignen sich Klösschen von Mark, Schwemm-, Reis-, Griess-, Gehirn- und Leberklösschen; aber auch Teigwaren, wie Maccaroni, Faden- und Fassonnudeln usw. bilden eine angenehme Suppeneinlage. Die Teigwaren werden in schwachgesalzenem Wasser nebst etwas Butter weich gekocht, nicht etwa in der fertigen Bouillon, da dieses eine Trübung der Suppe verursachen würde.

Reissuppe.
Bereitungszeit: $1^{1}/_{2}$ Stunde. 3 Personen.

25 g gebrühter Reis wird mit wenig Wasser und 25 g Butter ausgequollen. 1 Löffel Mehl schwitzt man in 25 g Butter hellgelb, kocht es mit $^{3}/_{4}$ l Wasser klar, fügt 10 g Liebig's Fleisch-Extract, den Reis, Salz und 1 Prise Muskatnuss daran und lässt nochmal aufkochen, wonach man die Suppe mit 2 Eidottern legiert und nach Belieben noch mit gehackter Petersilie würzt.

Rebhuhnsuppe mit Linsen.
Bereitungszeit: 2 Stunden. 3 Personen.

1 grosses oder 2 kleinere vorgerichtete Rebhühner werden in Butter gar gedämpft. Nach dem Erkalten wird das Brustfleisch abgelöst, alles übrige, auch die Gerippe, zerhackt und mit $1^{1}/_{2}$ l Wasser ausgekocht. 1 feingeschnittene Zwiebel und Wurzelwerk werden in Butter braun geröstet und dann mit der Brühe von den Rebhuhnknochen $^{1}/_{2}$ Stunde langsam gekocht. Die auf 1 l eingekochte Brühe wird durchgeseiht, mit dem Bratfond der Rebhühner und 1 Teelöffel Liebig's Fleisch-Extract gemischt, mit dem Püree von 125 g Linsen zu einer sämigen Suppe verkocht, welche, mit Pfeffer und Salz gewürzt, über dem kleingeschnittenen Brustfleisch angerichtet wird.

5 BEISPIELE FÜR FIRMENGRÜNDUNGEN IM 19. JAHRHUNDERT

Das folgende Kapitel soll an ausgewählten Beispielen illustrieren, wie sich in der wirtschaftlich dynamischen Zeit zwischen den Napoleonischen Kriegen und dem Ersten Weltkrieg durch Gründung neuer Firmen der wirtschaftliche Aufschwung Freiburgs entwickelte. Diese Beispiele zeigen auch, dass es überwiegend »Zugereiste« waren, die mit neuen Ideen Schwung in das ursprünglich etwas verschlafene Verwaltungsstädtchen Freiburg brachten. Die Auswahl der Firmen erfolgte nach den für den Autor verfügbaren Quellen (siehe Bibliographie) und nimmt jene in den Blick, die zwei Weltkriege überstanden und somit das Wirtschaftsleben langfristig belebt haben.

BRENZINGER & CIE. (BAUUNTERNEHMEN)

Julius Brenzinger wurde am 27. Oktober 1843 Freiburg als Sohn von Franz Brenzinger und dessen Frau Maria Theresia Joerger geboren. Er wuchs in Freiburg auf und beschloss mit 28 Jahren Jahren, sich selbstständig zu machen. Er gründete 1872 im Stühlinger ein neues Bauunternehmen mit den Charakteristika »Cementwarenfabrik, Stuccatur- und Asphaltgeschäft«. Einen großen Teil des dafür benötigten Geldes hatte er von seinem Vetter Joerger geliehen, und daher lautete der offizielle Firmenname Brenzinger & Cie. J. Brenzinger heiratete nach der Firmengründung Anna Janzen. 1879 kam der einzige Sohn Heinrich auf die Welt, der später sein Nachfolger wurde.

Das Unternehmen produzierte zunächst Bausteine aus Beton und engagierte sich nach 1880 in der neu aufkommenden Technik des Eisenbetonbaus. Bei dieser heute üblichen Technik wird das Betonmauerwerk durch Eisenträger verstärkt. Damit konnten Gebäudewände, Pfeiler, Türme und ganze Brücken gebaut werden. Daneben spezialisierte sich das Unternehmen auf die Innenausgestaltung von Räumen mit Hilfe von »Gypsstuccaturen«. Um 1900 gab es ein Musterbuch mit 600 Stuckformen und Ornamenten.

Brenzinger & Cie. erhielten durch ihre auffallenden Bauwerke mehr und mehr nationales und internationales Ansehen. Ein erstes Beispiel war die Errichtung eines in historisierendem Stil gehaltenen Bauwerks für die Oberbadische Gewerbeausstellung in Freiburg 1887. Unter den folgenden zahlreichen Bauaufträgen ist das Hotel Zähringer Hof erwähnenswert. Es folgte eine Einladung zur Weltausstellung in Chicago 1893, wo ein Gebäude für die Portland-Zementfabrik Heidelberg-Mannheim erstellt wurde. Im gleichen Jahr gab es eine Einladung zur Straßburger Industrie- und Gewerbeausstellung. Das florierende Geschäft veranlasste die Fa. Brenzinger & Cie., neue Fabrikationsstandorte in Kirchzarten und Mulhouse zu eröffnen. Bis zum Ersten Weltkrieg hatte sich die Firma zum größten Bauunternehmen Freiburgs entwickelt und Beschäftigte über 400 Mitarbeiter.

Nach dem Tod von J. Brenzinger 1924 übernahm der Sohn Heinrich die Geschäftsführung. Er förderte nicht nur die Geschäftsentwicklung, sondern auch den Freiburger Künstler und Architekten Carl Anton Meckel. Dieser errichtete zahlreiche Denkmäler aus Beton, die Kirche St. Konrad und auch das Grabmal der Mutter von J. Brenzinger. Die Jahre nach 1933 und der Zweite Weltkrieg waren eine besonders schwierige Zeit: Brenzingers Frau war jüdischer Abstammung, und er beschäftigte jüdische Mitarbeiter. Somit war er permanente Anfeindungen und großem politischem Druck ausgesetzt. Durch Mitgliedschaft im NS-Frontkämpferbund, durch Spenden an die SS, durch anerkennende Bemerkungen über NS-Größen und durch Arbeiten für die Organisation Todt konnte er sich dem Druck weitgehend entziehen. 1938 trat er als förderndes Mitglied der SS zurück und schied 1942 aus der von Nazis dominierten Industrie- und Handelskammer aus. Nach 1945 wurde er zunächst wegen Unterstützung des Naziregimes kritisiert; am 7. Mai 1953 aber voll rehabilitiert. Für seine unternehmerischen Erfolge und für sein soziales und ehrenamtliches Engagement in vielen Organisationen erhielt er zahlreiche Ehrungen wie das Bundesverdienstkreuz 1953 und die Ehrenbürgerwürde Freiburgs 1959.

Die Bombardierungen am Ende des Zweiten Weltkriegs zerstörten die meisten Betriebsgebäude. Das Firmengelände in Kirchzarten wurde von den Franzosen bis 1957 genutzt. Dennoch gelang eine zügige Wiederbelebung des Geschäftes, die Kompetenz von Brenzinger & Cie. wurde beim Wiederaufbau Freiburgs an vielen Stellen benötigt.

Helmut Wolfgang Dyllik, 1913 in Danzig geboren, heiratete die Tochter H. Brenzingers, nannte sich Dyllik-Brenzinger und übernahm 1956 die

Leitung der Firma. Unter seiner Leitung wurden neue Betriebsanlagen im Stühlinger und in Gündlingen errichtet, und der Werbeslogan »Bauen mit Vertrauen« wurde zum Markenzeichen. Im Jahre 1956 übernahm der Sohn Michael das Unternehmen, er expandierte weiter und erschloss zusätzliche Geschäftsfelder. So entstand im Jahre 2016 neben Brenzinger & Cie. (Beton-, Stahlbeton- und Spannbetonbau), die 1979 ausgegliederte Brenzinger Wohnbau GmbH und die 1984 gegründete Brenzinger Immobilien GmbH & Cie. KG.

C. W. FABEL (MODEHAUS)

Carl Wilhelm Fabel wurde 1832 in Merxheim an der Nahe geboren, dort ist er aufgewachsen und absolvierte eine kaufmännische Lehre. 1853 kam er nach Freiburg, wo er zunächst für die Kaufmannsfamilie Gäß tätig war und 1855 zur Baumwollfärberei und -spinnerei Krumeich wechselte. Er heiratete die Konditorstochter Anna Wolfinger und gründete 1872 in Unterlinden ein Garn-, Kurz- und Strumpfwarengeschäft en gros et en détail.

Sein Sohn Carl August (1867–1934), der mit Luise Hauß verheiratet war, übernahm im Jahre 1902 die Geschäftsführung. Um mit der erstarkenden Konkurrenz, vor allem auf der Kaiserstraße, mithalten zu können, wurden die Geschäftsräume und das Warenangebot erweitert.

Modehaus Fabel vor der Zerstörung im Zweiten Weltkrieg

Im Jahr 1920 erfolgte der nächste Wechsel in der Geschäftsleitung. Nun war es der Schwiegersohn Paul Lukas Löffler (1889–1976) der die Leitung übernahm. Er war Sohn einer Gastwirtsfamilie, die das Restaurant »Zum Rheinischen Hof« auf dem Münsterplatz betrieb. Paul Lukas entwickelte sich zum erfolgreichen Kaufmann und schuf ein Unternehmen mit 90 Mitarbeitern. Es entstand der Werbeslogan: »Der Weg nach Unterlinden lohnt sich immer«.

Beim Anblick des brennenden Geschäftshauses am 27. November 1944 soll er gesagt haben: »Wiederaufgebaut wird Fabel in der Kaiserstraße.« Nach einer provisorischen Geschäftseröffnung in den kleinen Räumen des unzerstörten Gimpel Hauses am Martinstor, begann der Bau eines neuen Geschäftshauses am Bertoldsbrunnen, das am 29. Oktober 1949 eröffnet wurde. 1950 trat es Sohn Carl seinen verheirateten Schwestern Anneliese Borell und Lotte Forschner gleich und trat in die Betriebsleitung ein. Das Geschäft wurde stetig erweitert und auf fünf Etagen ausgebaut. 1972 konnte das 100-jährige Firmenjubiläum gefeiert werden. In den Jahren 1983 bzw. 1993 folgten Tochter Andrea und Sohn Berthold in die Geschäftsleitung, so dass das Geschäft in fünfter Generation fortgeführt wurde.

FEIERLING (BRAUEREI)

Die Familie Feierling ist nach dem Dreißigjährigen Krieg in Altlußheim nachweisbar, und in diesem Städtchen wurde am 1. Januar 1851 auch Julius Feierling geboren. Er war schon als 15-Jähriger am Brauwesen interessiert und erarbeitete sich seine Karriere vom Lehrling zum Braumeister auf der Wanderschaft von Mannheim nach Oberrad, Frankfurt a. M., Dortmund, Luxemburg, Hamburg München und Straßburg. Nach dem Krieg 1870/71 arbeitete er schließlich als Obermälzer in der Staatsbrauerei Rothaus im Schwarzwald. Hier lernte er die Arbeitskollegen Greiffenberg und Becker kennen, die kurze Zeit später nach Freiburg zogen und die Brauerei Bautz in der Schiffstraße erwarben. J. Feierling erhielt eine Anstellung als Braumeister. Er war es, der erstmals helles Bier in Freiburg braute, das bei den Einheimischen sehr beliebt war. Wegen unseriöser Geschäfte der Besitzer ging die Brauerei bankrott, und J. Feierling nutzte diesen Umstand, um sich selbstständig zu machen. Dazu pachtete er 1877 die ehemalige, seit 1795 dokumentierte, Kleinstbrauerei Zur Insel in der Gerberau 15. Schon ein Jahr später erwarb er das Anwesen für 60 000 Mark. Das eigene Unternehmen begann im Handbetrieb mit nur einem Lehrling. Nach wenigen Jahren konnte er sich die Anschaffung einer Dampfmaschine mit stehendem Kessel leisten, mit deren Hilfe er den Bierausstoß erheblich vergrößern konnte.

J. Feierling heiratete im Jahre 1876, und seine tüchtige Frau half ihm, die zum Anwesen gehörende, aber vom Vorgänger heruntergewirtschaftete Gaststätte wieder in Schwung und zu Ansehen zu bringen. Das würzige, helle Bier war so beliebt, dass sogar Wirte anderer Gaststätten vorgefahren kamen, um das Bier abzuholen. Im Sommer reichte der Vorrat oft nicht aus, weil es an Kellerräumen fehlte. Daher erwarb er 1882 das Anwesen Grünwälderstraße 24, das bis 1981 Stammsitz und Produktionsstätte der Brauerei blieb. In den Folgejahren wurden Maschinen, Kessel und die Produktion erweitert. Der Betrieb der eigenen Gaststätte wurde einem Pächter überlassen, damit sich die Familie auf die Leitung der Brauerei konzentrieren konnte. Im Jahre 1893 kam ein Nachbargebäude (der Gasthof Zum Wilden Mann) hinzu, und wenige Jahre später folgte der Biergarten südlich des Augustinermuseums.

Schon vor 1890 hatten die Feierlings das Grundstück Gerberau 9a gekauft und dort ihr Wohnhaus errichtet. Nach 1900 wurden dann mehrere Gaststätten in Freiburg aufgekauft. Bis zum Beginn des Ersten Weltkriegs gehörten zum »Feierling-Imperium« 35 Anwesen, ca. 14 Pferde mit Wagen, drei große Lastkraftwagen und einige Eisenbahnwagen, die das begehrte Bier im gesamten Umland verteilten.

Der Erste Weltkrieg und die folgende Inflation bedeuteten fast das Ende der Brauerei. Zuerst wurden alle männlichen Angestellten im wehrfähigen Alter zum Kriegsdienst eingezogen und fünf von ihnen fanden den Tod an der Front. Dann wurde die Zuteilung von Gerste im Krieg und in den folgenden Notjahren stark reduziert, so dass der Bierausstoß auf 20 % der Vorkriegsmenge abfiel. Diese Probleme trafen natürlich auch andere Brauereien, und bis 1923 waren 70 % aller 1914 existierenden Brauereien stillgelegt. Die Feierlings mussten einige Anwesen zu niedrigen Preisen verkaufen, um Kredite zurückzahlen zu können und um laufende Betriebskosten zu decken.

Zum Glück hatten die drei Söhne den Krieg gut überstanden und wurden nun im Braugeschäft tätig. Der älteste Sohn wurde Teilhaber der kleinen Brauerei Sutter, die 1923 in die Feierling Brauerei eingegliedert wurde. Nach 1925 ging es wieder bergauf, und vor dem Zweiten Weltkrieg wurde eine Bierproduktion von 55000 Hektolitern pro Jahr erreicht. Im Zweiten Weltkrieg wurden Anwesen der Firma zerstört, aber nicht der Stammsitz in der Gerberau und Grünwälderstraße, so dass die Produktion schon bald nach Kriegsende wieder aufgenommen werden konnte. Im Jahre 1981 wurde die Brauerei stillgelegt. Ein Grund dafür war, dass der An- und Abtransport mit großen Lastwagen am Stammsitz verkehrstechnisch schwierig war. Im Jahre 1989 erfolgte jedoch in enger Nachbarschaft die Neugründung einer Hausbrauerei mit Gastwirtschaft durch die Diplom Braumeisterin Martina Feierling-Rombach und ihren Mann Wolfgang Feierling-Rombach. Damit wurde die Brautradition in fünfter Generation fortgesetzt, und diese Hausbrauerei erfreut sich auch zu Beginn des 21. Jahrhunderts großer Beliebtheit.

F. L. FISCHER (MEDINZTECHNIK)

Ferdinand Ludwig Fischer ist einer der wenigen Firmengründer des 19. Jahrhunderts, der direkt aus Freiburg stammt. Er wurde im Juli 1840 als Sohn des Wirtes Johann Baptist Fischer geboren, trat aber nicht in dessen Fußstapfen, sondern ging auf Wanderschaft, um bei Meistern in verschiedenen Ländern in die Lehre zu gehen. Als erfahrener Instrumentenbauer kam er nach Freiburg zurück und heiratete Maria Thomann, die Tochter des Gastwirts Zum Schwabentörle. Das junge Ehepaar machte sich selbstständig und gründete im Mai 1866 in der Schusterstraße 20 einen Einmannbetrieb. In der im Hinterhaus eingerichteten Werkstatt wurden die Instrumente gefertigt und im Ladengeschäft auf der Straßenseite des Hauses verkauft.

F. L. Fischer war nicht nur ein begabter Handwerker, er hatte auch das Talent Geschäftskontakte zu knüpfen. So unterhielt er mit den Professoren der Universitätskliniken und niedergelassenen Ärzten Kontakt. Die Professoren Manz (Augenklinik) und Hegar (Frauenklinik) animierten ihn, Brillen und Bandagen anzufertigen. Das wachsende Geschäft wurde 1869 in die Kaiserstraße 113 verlegt, in das Haus des verstorbenen Hof- und Universitäts-Instrumentenmacher J. N. Hölzlin. Diese neue Adresse hatte mehr Raum für die erhoffte Expansion und verschaffte ihm ein größeres Ansehen. Nun konnte die Zahl der Mitarbeiter erhöht und die technische Ausstattung der Werkstatt verbessert werden. Regen Absatz fand in dieser Zeit z. B. eine von Professor Kussmaul entwickelte Pumpe zur Magenentleerung.

1896 übergab F.L. Fischer die Geschäftsführung an seinen Sohn Rudolf und genoss bis 1915 seinen Ruhestand. Unter R. Fischers Leitung wurde die Firma stetig erweitert und ein neues Geschäftsfeld dazugewonnen: die Anfertigung von Holzprothesen. R. Fischer hatte während eines Aufenthalts in den USA einen beinamputierten deutschen Geschäftsmann kennengelernt und von dessen Dörflinger Artificial Limb Company alle Rechte für die Nutzung von Patenten in Europa erworben. Ferner wurde das Firmenlogo »Fisch« eingeführt.

Der einzige Sohn fiel im Ersten Weltkrieg und Tochter Anna übernahm mit ihrem Mann Rudolf Berger die Geschäftsführung. Das Unternehmen wuchs weiter und es wurden Niederlassungen in Berlin, Hagen (Westfalen) und Paris eröffnet. Auch nach Beseitigung der Schäden aus dem Zweiten Weltkrieg kam das Geschäft wieder rasch in Gang, und 1957 wurde ein neues Fabrikgebäude in der Egonstraße 35 bezogen. Dazu kam ein Ladengeschäft in der Merianstraße. Mit dem Sohn Rudolf jun. übernahm 1961 die vierte Generation die Geschäftsleitung. Letztes Familienmitglied in der Firmenleitung war dessen Sohn Max. Im Jahre 1984 wurde F.L. Fischer von der in Müllheim-Stetten ansässigen Firma O. Leibinger übernommen, produzierte aber unter eigenem Namen weiter. Acht Jahre später fusionierten beide Unternehmen und wurden 1996 durch das große amerikanische Pharmaunternehmen Pfizer übernommen. Das neue Tochterunternehmen hieß Howmedica Leibinger und der Name F.L. Fischer verschwand endgültig aus den Annalen des Instrumentenbaus.

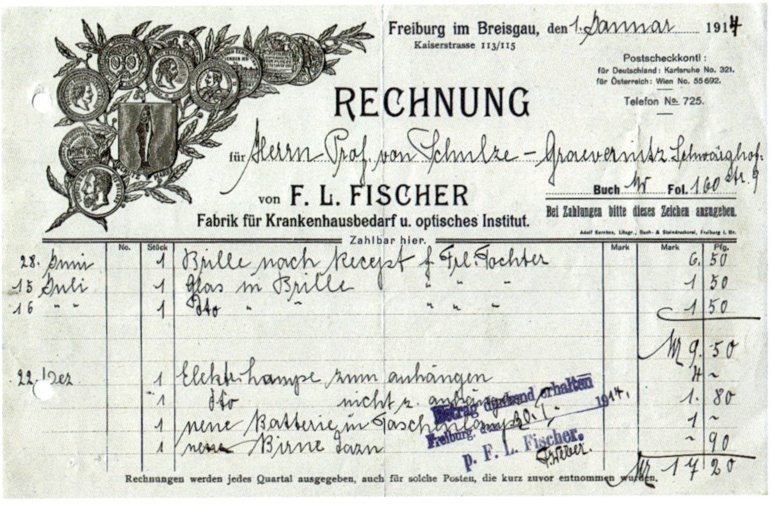
Freiburg im Breisgau, den 1. Januar 1914
Kaiserstrasse 113/115

Postscheckkonti:
für Deutschland: Karlsruhe No. 321.
für Österreich: Wien No. 55692.

Telefon No. 725.

RECHNUNG

für Herrn Prof. von Schultze-Gaevernitz Schwaighof

von F. L. FISCHER
Fabrik für Krankenhausbedarf u. optisches Institut.

Buch ... Fol. 160

Bei Zahlungen bitte dieses Zeichen anzugeben.

Zahlbar hier.

	No.	Stück		Mark	Mark	Pfg.
28. Juni		1	Brille nach Recept f. Frl. Tochter		6.	50
15 Juli		1	Glas in Brille " "		1	50
16 " "		1	dto " " " "		1	50
					M 9.	50
22. Dez.		1	Elektr. Lampe zum anhängen		4	–
		1	dto nicht z. anhängen		1.	80
		1	neue Batterie in Taschenlampe		1	–
		1	neue Birne dazu		–	90
					M 17	20

Betrag dankend erhalten
Freiburg, den 20. 1. 1914.
p. F. L. Fischer.

Rechnungen werden jedes Quartal ausgegeben, auch für solche Posten, die kurz zuvor entnommen wurden.

GANTER (BRAUEREI)

Ludwig (Louis) Ganter, Sohn des Gastwirts Ferdinand Ganter aus Schönau, kaufte im August 1865 im Alter von 24 Jahren das Haus Zum Kindlein Jesus in der Schiffstraße. Er hatte die Kunst des Brauens auf der Brauereischule in München studiert und anschließend praktische Erfahrung in der Schweiz bei der Brauerei Hauert (später Cardinal Brauerei) gesammelt. Die Familie Ganter war offenbar vermögend, denn Louis konnte einen großen Teil des Kaufbetrages von 65 000 Gulden bar auf den Tisch legen. Er erwarb mit dem Kauf des Hauses Schiffstraße 7 auch eine veraltete Braueinrichtung aus dem 18. Jahrhundert und dazu 700 Holzfässer. Ferner gehörte eine kleine Rebfläche am Schlossberg zu diesem Kauf sowie ein Felsenkeller unter dem Greiffenegg Schlösschen, in dem das zukünftige Ganterbier im Sommer kühl gelagert werden konnte.

Das Ganterbier fand zunehmende Anerkennung, zuerst in der Stadt und dann im ganzen Umland. Der restliche Kredit, den er für den Kauf aufgenommen hatte konnte schnell zurückgezahlt werden, und Louis Ganter suchte nach einem neuen geeigneteren Standort für seine Brauerei, um weiter expandieren zu können. Er erwarb 1877 das Gelände der alten Ölmühle an der Dreisam, den heutigen Standort. Vorteile waren hier nicht nur das größere Grundstück und die Nähe zur Dreisam, sondern auch der Zugang zu Tiefbrunnen, der ideales Brauwasser liefern konnte.

1874 wurde der erwünschte Stammhalter Hermann geboren. Dieser ging zunächst im eigenen Betrieb in die Lehre, reiste dann in die USA, um sich mit neuesten Brautechniken vertraut zu machen. Er konnte seine neuen Ideen und Kenntnisse schon bald darauf umsetzen, denn 1906 übernahm er die Leitung der Brauerei. Währen des Ersten Weltkriegs musste das Braugeschäft stark reduziert werden, weil ein Teil der männlichen Belegschaft zum Kriegsdienst eingezogen und die Zuteilung an Gerste stark reduziert wurde. Aber nach 1925 ging es wieder bergauf, bis 1944 zuerst das Stammhaus in der Schiffstraße völlig zerstört und dann auch die Brauanlagen an der Dreisam beschädigt wurden. Dennoch konnte der Betrieb nach dem Zweiten Weltkrieg weitergeführt werden, wobei Hans Ganter die Firmenleitung übernahm. Die Brauerei Ganter avancierte zur umsatzstärksten Brauerei Südbadens. Im Jahre 2008 betrug der Bierausstoß 135 000 Hektoliter. Der sinkende Bierkonsum der deutschen Bevölkerung in den letzten fünfzehn Jahren führte aber bei Ganter wie auch bei anderen Brauereien in den letzten zehn Jahren zu einem Abbau von Überkapazitäten. Unter Leitung von Katharina Ganter-Fraschetti, der vierten Generation Ganter, konnte 2015 das 150-jährige Jubiläum der Firmengründung gefeiert werden, ein Jubiläum, das nicht viele Betriebe in Baden aufweisen können.

FRITZ HELLIGE & CO. GMBH (ELEKTRONISCHE MEDIZINAPPARATE)

Fritz Hellige wurde im September 1868 in Staßfurt bei Magdeburg geboren. Wo er zur Schule ging und seine Ausbildung als Kaufmann absolvierte, scheint nicht bekannt zu sein. Er erwarb jedoch Kenntnisse über Glasverarbeitung in der Thüringer Glasindustrie. Mit 27 Jahren kam er nach Freiburg und machte sich sofort mit der Gründung eines Geschäftes in der Albertstraße selbstständig. Er befand sich dort in unmittelbarer Nähe zu Kliniken und Universitätsinstituten, seinen wichtigsten Kunden. Er lieferte wissenschaftliche Instrumente und betrieb eine Werkstatt für die Reparatur und die Weiterentwicklung wissenschaftlicher Apparate. Zudem war er Vertreter für die optischen Instrumente der weithin bekannten Firma Carl Zeiss Jena und hatte Thüringer Laborglaswaren im Angebot. Die besten Absatzchancen sah er beim Laborbedarf, bei Instrumenten und Geräten für Mediziner, und so optimierte im Lauf der Jahre sein Angebot in diese Richtung.

Bald nach der Firmengründung begann mit der eigenen Fertigung von Glasartikeln, wie z. B. Objektträger für Mikroskopie, Zählkammern für Blutkörperchen und Messpipetten. Dazu kamen dann die Anfertigung von Kehlkopf- und Augenspiegeln, so dass F. Hellige nicht mehr nur mit angelernten Kräften arbeiten konnte, sondern ausgebildete Optiker und Feinmechaniker einstellen musste. Der geschäftliche Erfolg führte dazu, dass 1910 Räume für den weiteren Ausbau der Produktion im Stühlinger angemietet wurden.

Ein weiterer Schritt vorwärts waren Musteraufträge von Kliniken und Instituten der Universität. Das heißt, es sollten Muster von neuartigen Mess- oder Forschungsgeräten angefertigt werden, die von Ärzten und Forschern entworfen wurden. Die Fa. Hellige entwickelte sich demzufolge zu einem Pionier für medizinische Messtechnik. Zu den Neuentwicklungen gehörten auch Diabetometer, mit denen Eiweiß und Zucker im Blut gemessen werden konnten. F. Hellige überstand den Ersten Weltkrieg und die folgende wirtschaftliche Depression unbeschadet und entwickelte zwischen 1929 und 1931 zusammen mit der Freiburger Firma Phymed den ersten transportablen Elektrokardiographen.

Dieses Gerät wurde zu einem großen Erfolg, der Hellige international bekannt machte. Es folgte eine ständige Verbesserung dieses Gerätetyps: 1938 ein 3-Kanal Elektrokardiograph, 1948 ein tragbarer photographisch registrierender 1-Kanal-Verstärkerkardiograph und 1966 ein batteriebetriebener transistorisierter 1-Kanal-Elektrokardiograph. Schon Ende der 20er Jahre mussten die Räumlichkeiten erweitert werden, und um in der Nähe der Universitätsinstitute zu bleiben, wurden das 3. und 4. Obergeschoss des Herderhauses an der Habsburgerstraße bezogen.

Der Zweite Weltkrieg brachte Aufträge fürs Militär und am 27. November 1944 die Zerstörung fast aller Forschungs- und Produktionsstätten. Auch das Herderhaus brannte aus. Trotzdem gelang ein erfolgreicher Neuanfang. Das Ende der Fa. Hellige kam auch nicht durch wirtschaftliche oder technische Misserfolge, sondern gerade durch den großen Erfolg zu Stande. Kapitalkräftigere Konkurrenten waren erpicht darauf, die Fa. Hellige zu schlucken. Im Jahre 1962 erfolgte eine erste Übernahme durch die amerikanischen Litton-Industries, aber der Name blieb. Die nächste Übernahme erfolgte Ende der 70er Jahre durch PPG Industries, woraufhin der Name in PPG Hellige GmbH geändert wurde: Dieses Konstrukt wurde 1996 von Marquette Medical Systems übernommen und in Marquette Hellige GmbH umgetauft. Schon 1998 übernahm General Electrics diese Firma und integrierte sie in GE Medical Systems. Produktion und Forschung wurden aus Freiburg abgezogen, und es verblieb nur eine Handels- und Service-Niederlassung. Der Name Hellige verschwand 2001 endgültig in der Versenkung.

HERDER (VERLAG)

Die Geschichte des Verlags Herder beginnt mit Bartholomä Herder, der 1774 in Rottweil geboren wurde. Er besuchte die Klosterschule in St. Blasien, lernte dort die Klosterdruckerei kennen und beschloss, ein »gelehrter Buchhändler zu werden und durch Verbreitung guter Schriften in das Leben einzugreifen«. Er studierte ab 1792 an der Fürstbischöflichen Augsburger Universität in Dillingen. Nach seiner Rückkehr nach Rottweil eröffnete er eine Schulbuchhandlung sowie in Zusammenarbeit mit Johann N. Spreng eine Druckerei. Der Konstanzer Bischof berief ihn 1801 zum »Fürstbischöflichen Hofbuchhändler und -buchdrucker« in seiner

Residenzstadt Meersburg. Als Folge der Säkularisierung des Hochstifts Konstanz und der bischöflichen Residenz Meersburg begab sich B. Herder 1808 nach Freiburg, um dort eine unabhängige Buchhandlung zu gründen.

Die Umsetzung dieser Absicht wurde zunächst durch Einspruch der ansässigen Buchhändler erschwert, zumal die Buchhandlung C. A. Wagner schon seit 1740 das Buchhandelsprivileg hatte. Die Großherzoglich Badische Regierung gab schließlich die Genehmigung für eine akademische Buchhandlung ohne Druckerei und ohne Schulbuchhandel. Herder pachtete aber vorübergehend die vom säkularisierten Kloster St. Blasien an die Universität übereignete Buch- und Kupferdruckerei und kam somit in die Lage, auch einen Verlag betreiben zu können. Diese Maßnahme brachte ihm zusätzlichen Ärger mit anderen Freiburger Druckereien ein, insbesondere mit der Fa. Poppen.

B. Herder kaufte nun ein Wohn und Geschäftshaus in der Kaiserstraße 42 (damals Nr. 805, weil vor 1855 alle Häuser der Altstadt durchgehend gezählt wurden), das bis 1912 Firmensitz blieb. Sofort nach Ende der napoleonischen Herrschaft verbrachte Herder einige Zeit in Paris und Wien, um sich beruflich wie privat weiterzubilden und Geschäftskontakte zu knüpfen. Nach seiner Rückkehr gründete er das Herdersche Kunstinstitut mit einer geographischen und topographischen Abteilung. Es wurden nun mehrere mit Kupferradierungen geschmückte Werke herausgebracht, darunter eine Bibel, aber auch ein schmaler Band mit acht Aquatinta-Ansichten von Freiburg und Umgebung. Ferner wurde ein Bildband mit 4000 Abbildungen zu dem schon existierenden Konversationslexikon herausgegeben.

Nach dem Tode B. Herders im März 1839 übernahm der Sohn Benjamin (mit 21 Jahren) zusammen mit dem älteren Bruder Karl Raphael die Geschäftsführung. Karl Raphael, der zunächst die kaufmännische Leitung innehatte, schied 1856 aus dem Unternehmen aus und übernahm die Leitung der Kur- und Badeanstalt in Tölz. Benjamin traf schon bald die Entscheidung, die sehr teure Produktion von Werken mit Kupferradierungen aufzugeben. Er richtete den Verlag neu aus und initiierte die bis ins 21. Jahrhundert bestehende Fokussierung auf religiöse Literatur. Der Herder Verlag avancierte im deutschsprachigen Raum zum führenden Herausgeber für katholisches Schrifttum. Diese thematische Fokussierung behinderte die Expansion nicht, und unter Benjamin wie auch unter seinen Nachfolgern wurden Zweiggeschäfte im In- und Ausland gegründet. Am bedeutendsten war der 1886 gegründete B. Herder Verlag Wien.

Im Jahre 1888 übernahm der einzige Sohn Hermann (geb. 1864) die Verlagsleitung. Er expandierte weiter im Ausland, auch in Übersee, und baute das noch heute existierende Verlagshaus. In dieses imposante Gebäude in der Johanniterstraße (später Hermann-Herder-Straße genannt) zog der Verlag 1912. Zu den bedeutendsten nicht religiösen Werken, die Verlag vor dem Zweiten Weltkrieg herausbrachte, gehörten:

- die dritte, achtbändige Auflage des *Konversationslexikons* (1901–1907),
- der zwölfbändige *Große Herder* (1931–1935),
- das fünfbändige *Staatslexikon* (1926–1932),
- das *Lexikon der Pädagogik.*

Das umfangreichste religiöse Werk war das *Lexikon für Theologie und Kirche,* das ab 1930 in zehn Bänden erschien.

In der Ägide Hermann Herders verquickten sich die Geschicke der Familien Herder und Dorneich. Philipp Dorneich, der 1866 in Unteraurach bei Bamberg geboren wurde, ging ab 1879 bei Herder in die Lehre. Auf Grund seiner außerordentlichen Fähigkeiten durchlief er eine steile Karriere, und als H. Herder 1814 zum Kriegsdienst eingezogen wurde, avancierte Th. Dorneich zum Verlagsleiter. Nach dem Krieg wurde er als Teilhaber in den Verlag aufgenommen. Sein Sohn Theophil (1898–1987) heiratete 1925 Hermanns einzige Tochter Elisabeth und nahm den Namen Herder-Dorneich an. Er leitete ab 1937 den Verlag alleine und hatte das Glück, als Offizier der Reserve den Zweiten Weltkrieg unbeschadet zu überstehen. Er wurde zum Präsidenten des ersten Deutschen Katholikentags 1948 in Mainz gewählt und wurde 1952 zum »Ritter des Ordens zum Heiligen Grab in Jerusalem« ernannt.

Aus seiner Ehe gingen zwei Söhne und zwei Töchter hervor. Der älteste Sohn, Hermann jun., übernahm den Verlag ab 1963. Er konnte die im Zweiten Weltkrieg verlorengegangenen Auslandsniederlassungen wieder zurückgewinnen. Im Jahre 1999 übernahm mit Sohn Manuel das Ruder in Freiburg, während die Geschwister Gwendolin und Raimund die Leitung der selbstständigen Auslandsniederlassungen in Rom, Barcelona, New York, Bogota und Mexico City übernahmen. Ein bedeutender Expansionsschritt erfolgte 2016 durch die Beteiligung an der Thalia Buchhandlung mit ca. 260 Filialen in ganz Deutschland.

LEDERLE – HERMETIC-PUMPEN GMBH

Wilhelm Lederle wurde 1844 in Endingen am Kaiserstuhl geboren und absolvierte dort bei seinem Onkel Michael Lederle eine Schlosserlehre. Da er in einem Weinanbaugebiet aufwuchs, hatte er beobachten können, dass es für das Ab- und Umfüllen von Most und Wein keine geeigneten Pumpen gab. Im Jahre 1866, gerade 22 Jahre alt, ging er nach Freiburg und gründete in der Kaiserstraße eine mechanische Werkstatt, die sich zunächst auf den Bau von Handpumpen spezialisierte. Der Erfolg ermöglichte ihm, schon 1873 ein großes Grundstück in Gundelfingen zu erwerben und dort ein Wohnhaus nebst Produktionsgebäude zu errichten. Die Produktion von Weinpumpen war auf die Dauer keine ausreichende Geschäftsgrundlage, und der ehrgeizige, technisch begabte Firmenchef begann mit der Entwicklung von Kolbenpumpen, rotierenden Verdrängungspumpen, Vakuumpumpen und Kompressoren. Der rasche Aufstieg aller Industriezweige, vor allem auch der chemischen Industrie, hatte eine rasch zunehmende Nachfrage nach Pumpen aller Art zur Folge.

Der nächste Schritt in technisches Neuland erfolgte 1895 mit dem Einsatz von Verbrennungsmotoren. W. Lederle begann damit, die Verwendung von Generatorgas-, Benzin- und Dieselmotoren zum Antrieb von Pumpen zu erforschen. Schon bald hatte er 16 Patente und 17 Medaillen sowie Ehrungen erworben. Er erkühnte sich nun auch, mit selbstentwickelten Motoren Personenwagen, Omnibusse und Feuerwehrfahrzeuge zu konstruieren. Zu Demonstrationszwecken nahm er eine Buslinie von Freiburg in den Schwarzwald in Betrieb. Im Jahre 1906, mitten in dieser rapiden Expansion, starb der Firmengründer.

Sein Sohn Moritz, erst 22 Jahre alt, übernahm das Geschäft, und hatte schon bald eine fundamentale Entscheidung zu treffen. Er gab die viel Kapital erfordernde Produktion von Motorfahrzeugen auf und konzentrierte das Geschäft wieder auf den Bau von Pumpen.

Diese, im Nachhinein gesehen, richtige Entscheidung wurde ihm durch die ab der Jahrhundertwende schnell fortschreitende Verfügbarkeit von Elektrizität erleichtert. Die Fa. Lederle stieg schon früh und erfolgreich in die Entwicklung und Produktion elektrisch getriebener Pumpen ein. Das Unternehmen beteiligte sich jetzt auch am Bau erster mit Pumpen betriebener, kommunaler Wasserversorgungsanlagen.

Der Erste Weltkrieg und die folgende Hyperinflation dämpften die Geschäftstätigkeit, die aber etwa ab 1925 wieder auflebte. Jedoch schon 1934 verstarb Moritz Lederle, und seine Witwe riskierte es, die Geschäftsleitung zu übernehmen, die sie bis 1945 behielt. Zwei Glücksfälle kamen Hedwig Lederle zu Hilfe: Erstens verursachten die Bombardierungen Freiburgs keine nennenswerten Schäden. Der Betrieb konnte direkt nach Kriegsende weitergeführt werden, und der Wiederaufbau Deutschlands erforderte viele Pumpen. Zweitens gab es seit 1927 in der Firma den technisch begabten Ingenieur Hermann Krümer, der sich auch als talentierter Kaufmann erwies. Ihm wurde ab 1945 die Firmenleitung anvertraut.

Unter seiner Leitung gelang 1954 die Entwicklung der »Spaltrohrmotorpumpe« als ersten Vertreter eines neuen Pumpentyps, bei dem der Motorraum leckagefrei und hermetisch gegen die Außenwelt abgeschlossen ist. Der Erfolg dieses Pumpentyps, vor allem in der chemischen Industrie, war so enorm, dass 1967 eine Tochtergesellschaft die Hermetic-Pumpen GmbH gegründet wurde. Um die Expansion dieser Tochtergesellschaft zu ermöglichen, wurde in Gundelfingen ein neues Betriebsgelände gekauft und bebaut. Eine wichtige Neuerung auf diesem Sektor wurde die Kraftübertragung durch rotierende Magnete. Die wachsende Bedeutung der hermetischen Pumpen in der Wasseraufbereitung führte im Jahre 1972 auch zur Ausgliederung einer zweiten Tochtergesellschaft, der Lederle GmbH, Wasserversorgung und Abwasser.

Schließlich kam es zu einem weltweiten Siegeszug hermetischer Pumpen mit Kooperationen und Joint-Ventures vor allem in Ungarn (1997) und China (1997). Ferner ist die Lederle Gruppe seit 2000 auch in den USA vertreten. Ein Ende dieser Erfolgsstory ist nicht abzusehen.

CARL MEZ & SÖHNE / MEZ AG

Die Ursprünge dieses für Freiburger Verhältnisse sehr bedeutenden Familienunternehmens liegen in Kandern. Carl Christian Mez wuchs als Waise bei einem Verwandten in Grenzach auf und wurde zu einem Posamenter nach Basel in die Lehre gegeben. Als Posamentier-Handwerk wurde damals das Herstellen von Geweben, Bändern, Borden und Schnüren aus Seide bezeichnet. Nachdem er den Meisterbrief erworben hatte, verlobte er sich mit Maria Bruck aus Basel und wollte nun Ende der 1760er Jahre in Kandern einen eigenen Betrieb gründen. Nach anfänglicher Ablehnung konnte er schließlich Fuß fassen und mit seinen vor allem für Trachten geeigneten Borden und Bändern Anerkennung finden. Er begann mit einem einzigen Webstuhl, hatte um 1775 schon 20 Mitarbeiter und um 1807 40 Mitarbeiter und 28 Webstühle.

Im Jahr 1785 traten drei Söhne in das Geschäftsleben ein, und das Unternehmen wurde in Carl Mez & Söhne umbenannt. Carl Christian jun. und Jakob Mez unterstützten den Familienbetrieb in Kandern und übernahmen 1812 nach dem Tod des Vaters die Leitung. Der dritte Bruder, Christian Adam Mez, zog nach Freiburg, heiratete und gründete eine Manufaktur sowie ein Bankgeschäft. Da seine Ehe kinderlos blieb, holte er Carl Mez (1808–1877), den Sohn von Carl Christian (jun.) sowie Christian, den Sohn Jakobs zu sich nach Freiburg, um ihnen eine möglichst gute Ausbildung zu ermöglichen.

Carl besuchte das Polytechnische Institut (technische Fachhochschule) ging danach zu einer Schweizer Handelsfirma, durch die er in Oberitalien Seidenraupenzucht und Seidenzwirnerei kennenlernen konnte. Nach seiner Rückkehr in die Heimat entschied er sich, in die Firma seines Onkels einzutreten, und er betätigte sich zunächst als Händler für Seidenfäden in ganz Deutschland. Er fand die aus Italien bezogenen Seidengarne qualitativ unbefriedigend und entschloss sich, eine eigene Zwirnerei für Seidenfäden in Freiburg zu gründen.

Im Jahre 1828 mietete er einen Raum im Haus Gerberau 19 und konstruierte eine Zwirnmaschine, die einen laufenden Faden produzieren konnte. Außerdem verbesserte er das Färbeverfahren mit Hilfe des erfahrenen Färbers Johann Ludwig Andre.

Die Nachfrage nach seinen Garnen veranlasste ihn schon nach kurzer Zeit, eine kleine mechanische Zwirnerei am Gewerbekanal in der Kartäuserstraße aufzubauen und schrittweise zu erweitern. Im Jahre 1832 übergaben die Onkel Carl und Christian Mez die Seidenspinnerei in Kandern an die Nachkommen Carl, Christian und Gustav Mez. Daraufhin wurde der Betrieb von Kandern nach Freiburg verlegt, da das Firmengelände an der Kartäuserstraße hinreichend Platz für eine Expansion bot. Schon 1834 wurde ein neues Fabrikgebäude gebaut, dem 1851 ein weiteres Betriebsgebäude folgte. Ferner wurden in den Jahren 1837–1873 Filialen in zehn weiteren Orten Südbadens errichtet.

Carl Mez war der erste protestantische Firmengründer in Freiburg. Er war nicht nur ein erfolgreicher Geschäftsmann, sondern eine herausragende Unternehmerpersönlichkeit, die sich aus religiösen Gründen auch in politischen und sozialen Fragen engagierte. Er gehörte von Mai 1848 bis Juni 1849 der Frankfurter Nationalversammlung an, und er war von 1843 bis 1849 in der Badischen Ständeversammlung vertreten. Er gewann in Freiburg hohes Ansehen weil er für seine Arbeiter Wohnungen und eine Badeanstalt baute sowie eine Betriebssparkasse einrichtete.

Eine Zäsur kam 1864, als die drei Vettern das gesamte Unternehmen aufteilten. Es entstand die Firma Carl Mez & Sohne mit dem Bändergeschäft und der Hälfte der Zwirnerei sowie die von Gustav Mez geleitete Firma Mez Vater & Söhne. Christian konzentrierte sich auf das Bankgeschäft. Als der Firmengründer Carl Mez im Jahre 1877 starb, waren in den beiden Mez Firmen 1200 Mitarbeiter tätig; im Jahre 1935 bei der 150-Jahr-Feier waren es weltweit über 2500.

Im Jahre 1922 wurde die Firma Carl Mez & Söhne in eine Aktiengesellschaft umgewandelt, die 1930 das Schwesterunternehmen Mez Vater & Söhne übernahm und von da an als Mez AG firmierte. In den Jahren 1930–1932 veräußerten die Carl Mez Nachkommen das gesamte Unternehmen schrittweise an die schottische J. P. Coats Ltd.

Da die Firma im Zweiten Weltkrieg Fallschirmseide und andere militärisch nutzbare Produkte herstellte, wurde sie bombardiert und weitgehend zerstört. Nach 1945 gelang ein erfolgreicher Wiederaufbau, aber in den folgenden Jahrzehnten wurde die Produktion schrittweise nach Kenzingen verlegt. Noch bis 2004 verblieb eine Färberei mit rund 90 Beschäftigten in Freiburg. In Kenzingen werden auch im 21. Jahrhundert Nähgarne verschiedener Art vermarktet.

M. NOSCH (OPTISCHE INSTRUMENTE)

Am 10. Januar 1861 ließ sich der aus Radolfzell stammende Isidor Nosch in Freiburg nieder. Er war Messerschmied und Experte für die Herstellung chirurgischer Instrumente, und er hatte während mehrerer Jahre Wanderschaft in Südbaden, im Elsass und in der Schweiz Erfahrung gesammelt. Für die ersten vier Jahre hatte er eine kleine Werksstatt im Hinterhaus des Gasthofs Bären eingerichtet, dann erwarb er das Haus Jesuitengasse 264, das später zur Bertoldstraße 9 wurde. Er platzierte ein erstes Inserat mit seinem Leistungsangebot schon 1865 im Freiburger Adresskalender, in dem alle Freiburger Gewerbetreibenden ihre Dienste anboten. Ab 1869 führte er auch optische Instrumente in seinem Angebot, und da dieser Teil seines Angebots überdurchschnittlich nachgefragt wurde, erweiterte er es ständig.

Die Söhne Max und Paul übernahmen 1905 den Betrieb und teilten ihn auf. Paul konzentrierte sich auf die Fertigung chirurgischer Instrumente und Bandagen, während Max das Geschäft mit Messerwaren und optischen Instrumenten weiterführte. Max verlegte seine Geschäftstätigkeit in das Haus Bertoldstraße 6, gegenüber dem elterlichen Wohnhaus. Nach dem Ersten Weltkrieg erfolgte eine weitere Fokussierung des Geschäftsbereiches auf Optik. Nach dem Zweiten Weltkrieg, in dem alle von der Familie Nosch genützten Gebäude zerstört wurden, übernahm Rudolf, der Sohn von Max Nosch, die Geschäftsleitung. Er erwarb das Grundstück Bertoldstraße 2 und baute dort um 1955 ein neues Wohn- und Geschäftshaus. Das florierende Geschäft wurde neu gegliedert und zwar in die Bereiche Brillen, Kontaktlinsen und Mikroskopie.

Im Jahre 1980 folgte Thomas Nosch, der Urenkel des Firmengründers, seinem Vater in die Geschäftsleitung. Er hatte die deutsche Augenoptiker-Meisterprüfung abgelegt und danach noch ein Optometriestudium in Houston, Texas, angehängt. Unter seiner Leitung expandierte das Geschäft schrittweise, aber stetig, und es wurden Filialen in Emmendingen, Breisach, Kirchzarten, Umkirch, Ihringen, Merzhausen Denzlingen und Donaueschingen eröffnet. Th. Nosch hatte sich über das Tagesgeschäft hinaus ehrenamtlich betätigt und war zehn Jahre lang Präsident des Deutschen Zentralverbandes der Augenoptiker. Von 2003 bis 2007 war er Schatzmeister des Augenoptikerverbandes in London, und er brachte die Qualifikation des Optometristen nach Deutschland. Für diesen Einsatz wurde er 2010 mit dem Bundesverdienstkreuz geehrt. 2004 traten Tochter Susan und 2016 Tochter Verena in fünfter Generation in die Geschäftsleitung ein.

H. M. POPPEN (DRUCKEREI)

Hermann Meinhard Poppen wurde 1796 in Aurich geboren. Er wurde zunächst Lehrling in der Auricher Buchdruckerei Tapper, dann aber zum Militärdienst eingezogen und in der Schlacht von Waterloo bei Ligny verwundet. Nach seiner Rückkehr und Heilung fand er eine Anstellung bei der Buchdruckerei Engelmann in Heidelberg. Dort heiratete er um 1820 Babette Kohlermann. Sie hatten fünf Kinder, von denen drei bereits im Kindesalter starben. 1826 übernahm M. H. Poppen die Geschäftsführung der Universitätsdruckerei der Gebrüder Groos in Freiburg, die er 1846 übernahm. Zusammen mit seinem Sohn Eduard Daniel gründete

Zeitungshaus, Grünwälderstraße 4

er das Unternehmen H.M. Poppen & Sohn und erwarb 1850 das Haus »Zum Pfirsichbaum« in der Grünwälderstraße 4. In diesem geräumigen Haus waren sowohl Wohnung als auch Druckerei untergebracht. Der nächste Schritt kam 1863 mit dem Kauf der Freiburger Zeitung von der Stadt Freiburg. Nach dem Tod des Firmengründers im Februar 1864 übernahmen die Söhne Hermann und Eduard die Leitung. Hermann verließ das Unternehmen 1893. Noch im selben Jahr wurde Maximilian Gottfried Ortmann, zuvor Leiter einer Buchdruckerei in Würzburg, als Geschäftsführer eingestellt. Ab 1908 entwickelte M. G. Ortmann zusammen mit dem Chemiker und Drucker Eduard Mertens ein Rotations-Kupfertiefdruck-Verfahren, das zuerst im Oktober 1910 bei einer Beilage der Freiburger Zeitung offiziell erprobt wurde. Dieses Verfahren kombinierte Hochdruck (Buchdruck) mit Tiefdruck (Lithographie) und war für eine gute Wiedergabe von Fotografien entscheidend. Fotografien konnten nun in Zeitungen beliebig mit dem Text kombiniert werden, und diese Neuerung trat von Freiburg aus einen Siegeszug um die ganze Welt an. In der Folgezeit avancierte M. G. Ortmann zum Teilhaber des Unternehmens, das 1918 in Druck- und Verlagshaus Poppen & Ortmann umbenannt wurde.

Nach dem Tode Eduard Poppens 1932 wurde der Sohn Adolf sein Nachfolger. Adolf Poppen sowie Dr. Max Ortmann, der Sohn von M. G. Ortmann, waren schon 1924 in die Firma eingetreten und daher mit der Geschäftsführung wohl vertraut. Allerdings entziehen die Nazis ihnen das Verlegerrecht; die Freiburger Zeitung wird 1935 »gleichgeschaltet«. Im Krieg wurde die Papierlieferung allmählich eingestellt, so dass die Freiburger Zeitung am 27./28. Februar 1943 zum letzten Mal erschien.

Nach dem Zweiten Weltkrieg wurde für jede Drucktätigkeit eine Lizenz der französischen Verwaltung benötigt. Im Januar 1946 schlossen die Verlagsgesellschaft H. Rombach & Co. KG, Zeitungsverleger Wendelin Hecht und der Verlag Herder einen Vorvertrag, in dem die Firmenbezeichnung »Badischer Verlag« festgelegt wurde. Gemeinsames Ziel war, eine überregionale Zeitung mit dem Titel »Badische Zeitung« zu gründen. Schon ab dem 1. Februar 1946 erschien die erste Ausgabe, die noch in der Waschküche des ausgebrannten Herder-Hauses in der Habsburgerstraße entstand. Im Juli 1950 trat Poppen & Ortmann als Mitgesellschafter dem Badischen Verlag bei, und die altehrwürdige Freiburger Zeitung war von da an als Lokalteil in der Badischen Zeitung integriert.

Unter der Leitung von Edi Poppen zog der Druckereibetrieb 1985 aus der Innenstadt in das Druck- und Verlagshaus in die Unterwerkstraße. 1997 übernahmen die Hersteller-Gesellschafter Rombach und Poppen & Ortmann die Anteile von Herder-Knecht am Badischen Verlag.

1984 übergab Edi Poppen die Geschäftsführung an seinen Sohn Wolfgang; seit 2008 führt Nadja Poppen die Familientradition in siebter Generation weiter.

B. RAIMANN (MASCHINENFABRIK)

Berthold Raimann, von dem als Firmengründer die Rede ist, war der jüngste Sohn des Bollschweiler Dorfschreiners Dionys Raimann. Er ging in Staufen bei einem Schreinermeister in die Lehre, der sich auch als Mühlenbauer betätigte. Um mehr zu lernen, begab sich B. Raimann, wie damals üblich, auf die Wanderschaft zu Mühlenbauern in Freiburg, Waldkirch, Säckingen und Waldshut. Nach der Grundausbildung beim Heer wurde er 1857 zur Festungsartillerie nach Rastatt versetzt (Rastatt war damals Reichsfestung). Nach zweijähriger Dienstzeit erreichte der frischgebackene Kanonier Raimann die Versetzung zur Artilleriewerkstätte Gottesau. Dort wurden Kanonen und Lafetten hergestellt oder repariert, und B. Raimann konnte sich nun Kenntnisse in der Metallverarbeitung aneignen. Nach zwei Jahren ließ er sich als Lokführeranwärter an die Großherzoglich Badische Eisenbahn Werkstätte versetzen, aber auch dort wurde es ihm bald zu langweilig. Er fand eine Anstellung bei einer Durlacher Maschinenfabrik, die Sägen und andere Holzverarbeitungsmaschinen herstellte. Dort erwarb er wohl den Meisterbrief, denn seine nächste Anstellung war die eines Maschinenbaumeisters bei einem Freiburger Bauunternehmen, das u. a. Maschinen zur Holzverarbeitung herstellte. Damit hatte er, was die Art der Berufsausübung betraf, sein Ziel erreicht, aber ein wesentlicher Schritt fehlte noch.

Im Oktober 1863, mit 27 Jahren, wagte er den Schritt in die Selbstständigkeit. Er kaufte sich ein kleines Haus in der Talstraße 70, die damals noch am Stadtrand gelegen war. Im Hinterhaus wurde eine mechanische Werkstatt eingerichtet. Mangels Geld konnte er nicht alle benötigten Maschinen kaufen und bemühte sich daher, diese selbst herzustellen – ein entscheidender Schritt zum erfolgreichen Maschinenbauer. Da die vorhandene alte Dampfmaschine nur unzuverlässig arbeitete, zog er schon 1866 in die Fabrikstraße um, wo er mit Hilfe eines unterschlächtigen Wasserrades die zuverlässige Wasserkraft nutzen konnte. In den folgenden fünf Jahren begann er sich, auf den Bau von Holzverarbeitungsmaschinen zu konzentrieren. Und präsentierte das Muster einer neuen Maschine 1871 erstmals auf der Oberbadischen Gewerbeausstellung in Freiburg. Im Jahre 1872 erfand er eine Universal-Holzverarbeitungsmaschine, die auf Ausstellungen großen Anklang fand. Auf der Gewerbeausstellung in Freiburg 1887 erhielt Raimann sieben Silbermedaillen für verschiedene Maschinentypen. Im gleichen Jahr trat der Sohn Max in die

SCHRAUBENSPUNDFABRIK
& EISENGIESSEREI

Telephon: Freiburg № 115
Telegr. Adr.:
Raimann St. Georgenbreisgau
Post- & Expressgutsendungen: St. Georgen-Freiburg i. Br.
Bahnsendungen: Station Freiburg-Süd
Eilgutsendungen: Station Freiburg i. B.
Postscheckkonto: Karlsruhe № 2002.

Bankkonto:
Dresdner Bank. Fil. Freiburg.

SPEZIALITÄT:
SPUND- & ZAPFLOCHBÜCHSEN
SPUNDVERSCHRAUBUNGEN
DICHTUNGSLÄPPCHEN
LAGERFASS- & GÄRBOTTICH-
ZAPFVORRICHTUNGEN

RAIMANN & CIE

ST. GEORGEN-FREIBURG i. B., DEN 25. April 1923.

Rechnung für Titl. Brauereigesellschaft, M e y e r & Söhne,
R i e g e l a/Kaiserst.

Zahlbar netto comptant.

Erfüllungsort für beide Teile: Freiburg i. B.

Sandten Ihnen auf gefl. Bestellung vom 19. IV. 23. telephonisch
für Ihre werte Rechnung durch unsere Fuhre
bei Jhrer Bierniederlage in Freiburg abgeliefert.
=o=o=o=o=o=o=o=o=o=o=o=o=o=o=o=o=o=o=o=o=o=o=

	R. & Co., 203/08 = 6 Körbe pèr St. à	2500.-	~~15000.--~~
	Packtuch	M.	~~600.--~~
500	Stück Spundringe Modell Ab 43/58/24 m/m "	2112.-	1056000.--
250	" desgl. " " 43/60/24 m/m "	2244.-	561000.--
100	" desgl. " " 43/67/25 m/m "	2640.-	264000.--
500	" Syphonspunden Modell S5 / 43 m/m "	1320.-	660000.--
	R. & Co., 209 = 1 Kiste	M.	~~22000.--~~
2000	Stück Dichtungsringe " Zello " n e t t o "	12000-	240000.--
		Mk.	~~2818600.--~~ 2781000

=o=o=o=o=o=o=o=o=o=

Postscheckkonto
Karlsruhe No. 1512.

11. 5. 23.

In gutem Zustand frachtfrei zurückgesandte Verpackung wird zu 2/3 des berechneten Wertes gutgeschrieben.

Bei Zielüberschreitung und fortschreitender Geldentwertung muss ausser Verzugszinsen ein entsprechender Zuschlag unter Zugrundelegung des Goldzolles berechnet werden.

Zahlbar innerhalb 1 Woche nach Rechnungsdatum netto Kasse ohne jeden Abzug.

5./5.

Ausstellungen können nur 14 Tage nach Empfang der Ware berücksichtigt werden.

Firma ein und musste schon acht Jahre später die Leitung übernehmen, da sein Vater im Januar 1895 verstarb. Um 1900 erhielt Max Verstärkung durch seinen Bruder Hugo, und die Belegschaft wurde auf 40 Mann vergrößert. Es folgte nun die Gründung einer Tochtergesellschaft, der Schraubenspundfabrik Raimann GmbH. Ein entscheidender Schritt für die weitere Expansion war 1904 der Umzug auf ein großes Fabrikgelände in St. Georgen. Der Erste Weltkrieg brachte einen schweren Rückschlag, weil ein Teil der Mitarbeiter an die Front musste und Aufträge für das Militär bearbeitet werden mussten.

Nach 1918 begann wieder der Normalbetrieb auf schmaler Basis. Frankreich und die Schweiz fielen zunächst als Absatzgebiete aus, aber die Fa. Raimann begann nun Südamerika als neuen Markt zu entdecken, und in Sao Paulo wurde 1925 eine Handelsniederlassung gegründet. Im Jahre 1922 traten die Enkel des Firmengründers, Hugo jun. und Max jun., in die Firma ein, jedoch verstarb Hugo schon fünf Jahre später.

In Mülheim wurde eine Zweigniederlassung gegründet, und 1938 beschäftigte das Gesamtunternehmen ca. 400 Mitarbeiter.

Auch der Zweite Weltkrieg brachte erhebliche Verluste, doch ging der Betrieb weiter, und 1961 übernahm die vierte Generation Raimann die Führung. Vielleicht mangelnde Erfahrung und sicherlich die starke Konkurrenz, die im In- und Ausland entstanden war, führten dazu, dass Raimann GmbH 1977 Vergleich anmelden musste.

Zwei ehemalige Mitarbeiter, Rolf Heisterkamp und Hans-Heinrich Rottenberger übernahmen die Reste der Firma und gründeten auf dieser Basis die Interholz Raimann GmbH mit Sitz in Hochdorf. Im Jahre 1998 wurde das Produktionsprogramm der Irion Holzbearbeitungsmaschinen GmbH aus Lörrach übernommen. Eine neue Dimension wurde durch die Fusion mit der Weinig-Gruppe aus Tauberbischofsheim erreicht. Mit 2300 Mitarbeitern konnten nun Absatzmärkte im Ausland besser erschlossen werden, so prangt heute der Name Raimann auf Holzverarbeitungsmaschinen in vielen Ländern.

RUCKMICH (MUSIKALIENHANDLUNG)

Die Geschichte der Familie Ruckmich in Freiburg beginnt mit Bonifaz (1796–1838), der in St. Blasien aufwuchs. 1824 kam er nach Freiburg und ließ sich dort als Musiklehrer nieder. Nebenbei betrieb er einen zunächst bescheidenen, aber immer erfolgreicheren Handel mit Musikinstrumenten und Noten. Er entschloss sich daher, im September 1827 eine Musikalienhandlung in der Pfaffengasse, heute Herrenstraße 52, zu eröffnen. Das sich gutentwickelnde Geschäft machte es möglich, nun sogar Flügel aus Wien zu importieren. Trotz oder gerade wegen seines Erfolges hatte er Schwierigkeiten, das Freiburger Bürgerrecht zu erlangen, weil die etablierten Konkurrenten in der Verwaltung dagegen intrigierten.

Nach seinem Tod 1838 führte seine Witwe Theresa Wangler das Geschäft, bis 1852 der 20-jährige Sohn Carl Ruckmich die Geschäftsführung übernehmen konnte. Doch auch er hatte mit dem Neid der Konkurrenten zu kämpfen und erhielt erst 1859 die Konzession zum Betrieb eines Musikalienhandels und -verlags. In der Folge blühte das Geschäft auf und im Dezember 1875 kaufte Carl Ruckmich das ehemalige Zunfthaus der Schneider, das später die Adresse Bertoldstraße 15 erhielt. Nach

Geschäftshaus Ruckmich in der Bertoldstraße vor der Zerstörung im Zweiten Weltkrieg

verschiedenen An- und Umbauten wurde das neue Geschäftshaus 1876 bezogen. Es wurde für mehr als 100 Jahre der Stammsitz des Unternehmens.

Carl Ruckmich betrieb eine expansive Geschäftspolitik und gründete schon 1862 eine Zweigniederlassung in Konstanz. Diese übernahm der Bruder Benjamin, verkaufte sie aber schon nach wenigen Jahren an den Prokuristen Ernst Abendroth. Ende 1885 wurde die Musikalienhandlung G. Vogt in Colmar übernommen, aber schon im Juli 1888 wurde diese Zweigniederlassung an den Kaufmann Max Wettig weiter veräußert. Andererseits wurde das Unternehmen in Deutschland erweitert, indem in der eigenen Werkstatt mehr und mehr Musikinstrumente, einschließlich Klaviere, selbst produziert wurden.

Der Sohn Ludwig ging zunächst in der Hofmusikalienhandlug C. F. Kahnt in Leipzig in die Lehre, absolvierte danach den Militärdienst, erweiterte seine Kenntnisse in England sowie in den USA und trat schließlich 1886 als Prokurist in das elterliche Unternehmen ein.

Nach dem Tod des Vaters 1902 übernahm er zunächst mit der Mutter und ab 1905 als alleiniger Inhaber die Geschäftsführung. Das florierende Geschäft veranlasste ihn 1906, die benachbarten Häuser, Universitätsstraße 1 und 3, zu kaufen und 1926 eine bauliche Umgestaltung des gesamten Hauskomplexes vorzunehmen. Zuvor (1910) waren das Blechinstrumentengeschäft Max Renner Nachfolger und 1917 das Hofpianohaus Mohr & Schlauder integriert worden.

Nachdem der einzige Sohn 1914 in Russland gefallen war, nahm L. Ruckmich seine Tochter Elisabeth 1925 als Teilhaberin in das Geschäft auf. Außerdem wurde die langjährige Mitarbeiterin Frieda Hauser Teilhaberin. 1933 starb L. Ruckmich, und Elisabeth führte das Geschäft

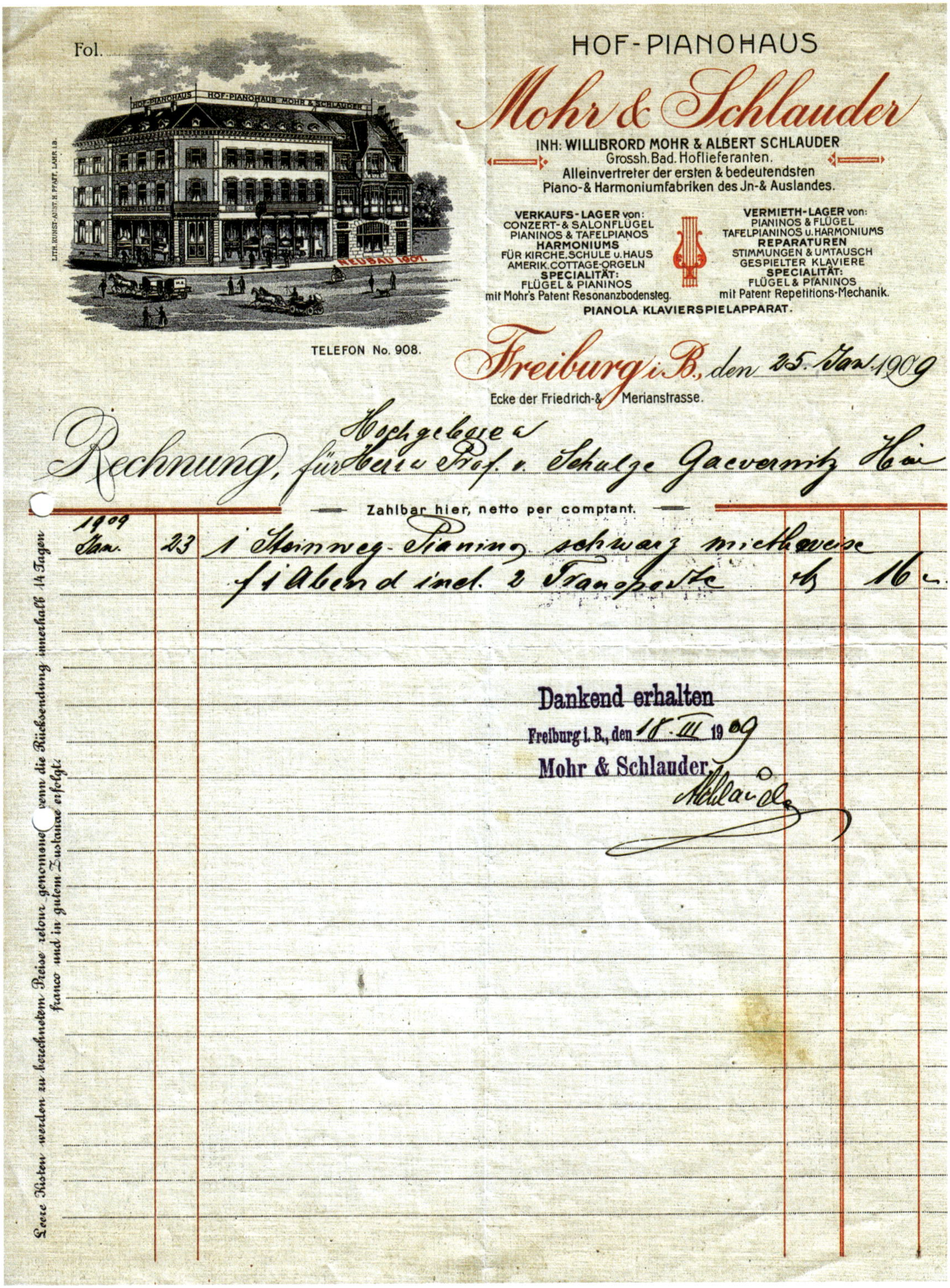

Fol.

HOF-PIANOHAUS MOHR & SCHLAUDER

NEUBAU 1907.

LITH. KUNST-ANST. H. PFAFF, LAHR i. B.

TELEFON No. 908.

HOF-PIANOHAUS

Mohr & Schlauder

INH: WILLIBROD MOHR & ALBERT SCHLAUDER
Grossh. Bad. Hoflieferanten.
Alleinvertreter der ersten & bedeutendsten
Piano- & Harmoniumfabriken des Jn- & Auslandes.

VERKAUFS-LAGER von:
CONZERT- & SALONFLÜGEL
PIANINOS & TAFELPIANOS
HARMONIUMS
FÜR KIRCHE, SCHULE u. HAUS
AMERIK. COTTAGE-ORGELN
SPECIALITÄT:
FLÜGEL & PIANINOS
mit Mohr's Patent Resonanzbodensteg.

VERMIETH-LAGER von:
PIANINOS & FLÜGEL
TAFELPIANINOS u. HARMONIUMS
REPARATUREN
STIMMUNGEN & UMTAUSCH
GESPIELTER KLAVIERE
SPECIALITÄT:
FLÜGEL & PIANINOS
mit Patent Repetitions-Mechanik.

PIANOLA KLAVIERSPIELAPPARAT.

Freiburg i. B., den 25. Jan. 1909
Ecke der Friedrich- & Merianstrasse.

Rechnung, für Hochgeboren Herrn Prof. v. Schulze Gaevernitz Hier

— Zahlbar hier, netto per comptant. —

1909 Jan.	23	1 Steinweg-Piano schwarz mietweise f. 1 Abend incl. 2 Transporte	M 16.–

Dankend erhalten
Freiburg i. B., den 18. III 1909
Mohr & Schlauder.
Schlauder

Leere Kisten werden zu berechneten Preise retour genommen, wenn die Rücksendung innerhalb 14 Tagen franco und in gutem Zustand erfolgt.

weiter. Ein Jahr später wurde Paul Geissler Mitarbeiter des Unternehmens und heiratete Elisabeth im Jahre 1937. In den Jahren 1939 und 1940 wurden der Sohn Peter und die Tochter Anne-Mone geboren. Paul Ruckmich wurde 1939 zum Militärdienst eingezogen, geriet später in Gefangenschaft, konnte aber 1946 fliehen und sich nach Freiburg durchschlagen.

Der vordere Teil des Eckhauses Bertold-/Universitätsstraße 15 wurde durch Bomben völlig zerstört, das Hinterhaus nur teilweise. Beide wurden mit Hilfe ehemaliger Mitarbeiter so hergerichtet, dass ein kleiner Geschäftsbetrieb möglich wurde. Die vordere Fläche mietete Pego-Sport für einen Behelfsbau. Gegen zehn Jahre Mietfreiheit baute und deckte Photo-Stober für ein Photolabor das hintere Dach neu. In den Jahren 1953/54 wurde das gesamte Haus wieder aufgebaut.

Der Sohn Peter ließ sich in Musikalienhandlungen Freiburg, Chicago, Wiesbaden und Singen ausbilden und trat 1967 in das Familienunternehmen ein. Zuvor (1963) waren Elisabeth und Paul geschieden worden, worauf Paul Ruckmich mit Brigitte Justin in Lörrach ein eigenes Geschäft eröffnete. Elisabeth führte zuerst allein, dann mit ihrem Sohn Peter das Geschäft in Freiburg weiter. Peter heiratete 1960 Gerlinde Lange, eine Musikalienhändlerin. In den Jahren 1961 und 1963 wurden die Söhne Michael und Johannes sowie 1971 Tochter Feodora geboren. Johannes wurde nach Studium und entsprechender Ausbildung zunächst im Familienunternehmen eingearbeitet, aber 1996 beschloss die Familie, die gesamte Geschäftstätigkeit aufzugeben. Für diesen Entschluss war vor allem die absehbar schlechtere Geschäftsentwicklung des Musikalienhandels in Deutschland maßgeblich. War in den ersten 40 Jahren nach dem Krieg der Verkauf von Instrumenten und Noten rapide gewachsen, so wurden nun mehr und mehr teure Instrumente, vor allem Klaviere, vererbt, Schallplatten verloren ihre Bedeutung, und das Interesse am eigenen Musizieren ging zurück. Die Aufgabe des Geschäftes erfolgte zu einem wirtschaftlich noch günstigen Zeitpunkt. Das Geschäftshaus blieb in der Familie und wurde für 20 Jahre an die Badische Zeitung vermietet.

M. WELTE & SÖHNE (SELBSTSPIELENDE KLAVIERE UND ORGELN)

Die Firma Welte & Söhne verdient hier erwähnt zu werden, nicht wegen ihrer wirtschaftlichen Bedeutung, sondern weil sie trotz weniger Mitarbeiter eine der wenigen Freiburger Firmen war, die vor dem Ersten

Weltkrieg weltweit bekannt wurden. Der 1807 in Vöhrenbach geborene Michael Welte und sein älterer Bruder Valentin (1794–1876) fertigten zunächst Spieluhren, die immer größer und perfekter wurden. Im Jahre 1832 wurde die Firma Gebrüder Welte gegründet, die auch den Bau größerer Flötenuhren in Angriff nahm. Obwohl diese selbstspielenden »Musikinstrumente« u.a. wegen ihrer technischen und musikalischen Qualität immer mehr gefragt waren, verließ der Bruder wohl um 1845 die Firma, die danach als Michael Welte firmierte und 1865 in M. Welte & Söhne umbenannt wurde.

Im Jahre 1845 erhielt M. Welte von dem wohlhabenden Schwarzwälder Kaufmann Heinrich Stratz den Auftrag zum Bau eines großen Orchestrions, der 33 Monate in Anspruch nahm. Dieses Instrument beinhaltete 1100 Orgelpfeifen und konnte alle Stimmen eines großen Orchesters wiedergeben. Nach der Auslieferung wurde dieses Wunderwerk der Technik in Karlsruhe und Frankfurt einem breiten Publikum vorgestellt und erregte großes Aufsehen. Daraufhin bestellte auch der Großherzog von Baden ein Orchestrion, das 23 Monate Bauzeit erforderte. Der Großherzog ließ dies Orchestrion 1862 auf der Weltausstellung in London vorführen, und die Fa. Welte erhielt eine Preismedaille. Damit begann der Weltruhm, und die Aufträge vermehrten sich.

1865 traten alle drei Söhne offiziell in die Firma ein. Der älteste Sohn Emil ging 1868 nach New York und gründete dort das Zweigwerk Welte & Sons am Broadway. Berthold Welte übernahm die Leitung des Familienunternehmens (der Vater starb 1880), und der jüngere Bruder Michael spezialisierte sich auf die Weiterentwicklung der Technik. Die zunehmende Geschäftstätigkeit führte 1872 zur Übersiedlung nach Freiburg, wo sich die Firma im neu erschlossenen Stadtteil Stühlinger niederließ.

Nach 1880 kamen zwei neue Erfindungen ins Spiel: Die elektro-pneumatische Orgeltraktur, bei der die Orgelpfeifen und Register elektromagnetisch gesteuert wurden. Der Einsatz von Lochstreifen an Stelle von Metallwalzen als Informationsträger der Musik.

Die Fa. Welte avancierte nun endgültig zum Weltmarktführer für selbstspielende Musikgeräte. Im Jahre 1900 trat Bertholds Sohn Edwin (1876–1958) und der Schwager Karl Bokisch (1874–1952) in die Firma ein. Beide entwickelten zwei Erfolgsmodelle, welche das Geschäft zwischen den Weltkriegen belebten: das »Mignon« genannte Reproduktionsklavier und die »Welte-Philharmonie-Orgel«, beide auf der Basis von Lochstreifen. Welte-Geräte wurden außerhalb Europas z. B. in Russland, in der Türkei und in den USA verkauft. Dass die Fa. Welte die Konkurrenz auf Abstand halten konnte, lag nicht nur an der hohen technischen Qualität ihrer Instrumente, sondern auch an der Qualität der Klangwiedergabe. Wie die Musik aufgenommen und auf Lochstreifen übertragen wurde, blieb bis zum Ende der Firma ihr Betriebsgeheimnis.

Das Ende kam nach dem Zweiten Weltkrieg. Der Bombenangriff vom 27. November 1944 zerstörte das gesamte Werk, und das Aufkommen moderner Schallplattentechnik nach dem Krieg verhinderte eine erfolgreiche Neugründung. Im Jahre 1952 kam mit dem Tod von Karl Bokisch das endgültige Aus. Am Haus Lehener Straße 11 befindet sich eine Gedenktafel, die an diese »Weltfirma« erinnert.

Der Autor wurde nicht in Freiburg erstmals auf diese Fa. Welte aufmerksam, sondern bei seinem ersten Besuch in Washington DC. Auf der Museumsmeile zu Füßen des Capitols, befindet sich ein Originalpavillon von der Weltausstellung 1876 in Philadelphia, den die Smithsonian Institution gerettet und dort mit den Originalexponaten wiederaufgebaut hat. Mitten in dieser Ausstellungshalle thront ein Welte-Orchestrion und kündet auch für die Zukunft vom weltweiten Ansehen, das diese Firma einst hatte.

6 Liste Freiburger Gewerbebetriebe und Grosshandlungen mit ihren Angeboten (vor 1915)

In der folgenden Auflistung sind nur Gewerbebetriebe aller Art sowie Großhandlungen aufgenommen worden, jedoch keine Repräsentanzen von Versicherungen oder Banken, keine reinen Ladengeschäfte und (Einmann-)Meisterbetriebe wie Bäcker, Metzger, Schuhmacher, Uhrmacher, Gipser, Schreiner oder Tapezierer. Alle diese Berufe gab es in der Stadt. Es ist jedoch selbstverständlich, dass es nicht immer möglich ist, zwischen Einmannbetrieb mit Lehrlingen und Kleinstbetrieb scharfe Grenzen zu ziehen. Die Angaben zum Leistungs- und Warenangebot sind in fast allen Fällen wortgetreu aus den dem Autor vorliegenden Rechnungsformularen oder aus dem Freiburger Adressbuch von 1914 entnommen worden. Die folgende Auflistung zeigt, dass Freiburg nicht nur Universitätsstadt und Pensionopolis war, wie gerne behauptet wird, und von den Stadtvätern vor dem Erste Weltkrieg gewünscht wurde, sondern es war auch ein aktiver Wirtschaftsstandort mit viel produzierendem Gewerbe, meist allerdings in Form von Mittel-, Klein- und Kleinstbetrieben.

Die Sortierung der Namen in den einzelnen Stadtbezirken ist alphabetisch.

Altstadt mit Stephanien (Schnecken-)Vorstadt

Arnold, C., Großherzoglich Badischer Hofgraveur, Kunstgewerbliche Werkstätte, Kautschuk- Metallstempel und Schablonen-Fabrikation, Bertoldstraße 12

Badenia-Regulator-Fabrik, Inh. Alfons Hummel, Luisenstraße 5

Bauer, Rupert, Anfertigung feiner Herrenblusen und Uniformen, Friedrichstraße 10

Biehler, Rudolph, Bertoldstraße 2 und Kaiserstraße 96, Herrenhemden nach Maß und Anfertigung von Aussteuern (Mitglied des Rabattvereins)

Blust, C. Werner, Kaufhaus, Kurz-, Weiß-, Schuh- und Wollwaren und Garn Engros Geschäft, Kaiserstraße 79 und Dreherstraße 4

Braun, Karl, Färberei, chemische Waschanstalt, Gerberau 16 und 18

Briem, Karl, Wwe. (Maria geb. Hartmann), Hafnerei, Geschirrwaren und Ofenfabrikation, Gauchstraße 41

Brokel, Robert, Schuhwarenfabrik und Lager, (Ernst Nopper's Nachfolger), Kaiserstraße 37

Bucher, L., Blumen und Schirmfabrik, Kaiserstraße 115

Creuel, H., Nachf. Franz Gieringer, Mineralwasserfabrik, Kohlensäureniederlage, Herrenstraße 13

Dapp, Wilhelm, Handschuhfabrik, Kaiserstraße 111

Dierstein, Fritz (Teilgeschäft der Fa. Jos. Herzog Nachf.), Polstereiwaren Aussteuer, Sack- und Deckenfabrikation, Münsterplatz 7–9

Dietrich, Jos, Japan und China Teppiche, Linoleum, Kokosläufer und Türvorlagen, Wollene Teppiche und Bettvorlagen, Korb- und Bürstenwaren, Salzstraße 41

Engelberger, Guido, Fisch- und Geflügel, Fischerau 6, Adelhauserstraße 7, Kaiserstraße 135

Erggelet-Wenk, Ed., Colonialwaren und Landesproduktion Engros, Eisenbahnstraße 12

Fabel, C. W., Maschinenstrickerei, Strickgarne, Weiss- und Wollwaren, Unterlinden

Fauler Ph. A., Eisengießerei, Wilhelmstraße 15

Feierling, Julius, Inselbrauerei, Grünwälderstraße24/26, Stammhaus Gerberau 15

Fenninger, J., Inh. F. Fenninger und Eug. Hügle, Werkstätte für Innenausbau, Möbelfabrik und Bauschreinerei, Bertoldstraße 45

Fischer, Wilhelm, Mech. Schuhleisten und Holzfabrik, Merianstraße 16

Fischer, Ferdinand L., Chirurgische und medizinische Instrumente (ab 1911 Zweigniederlassung in Berlin), Kaiserstraße 113–115 (seit 1866 in der Schusterstraße)

Fischer & Steinhart, Haus- und Kücheneinrichtungen, Magazine für sämtliche Geräte und Maschinen für den Hotel- und Hausbedarf, Küchenausstattungen in der Preislage von 40–1000 Mark, Kochkisten in diversen Ausführungen, beste Bezugsquelle für Vogelkäfige, Aquarien und Terrarien, Ecke Herren-/Nussmannstraße

Freiburger Druck- und Verlagsgesellschaft mbH., Geschäftsführer A. M. Muth, Buchdruckerei und Verlag der Oberbadischen Volkszeitung und Adressbuchs der Stadt Freiburg, Belfortstraße 55

Gebhardt, Alb., Inh. Franz und Friedrich Leut, Baumaterialienhandlung, Betholdstraße 47, Lagerplatz Schwimmbadstraße 36

Gerteis, Adolf, Motorfahrzeuge, Fahrräder, Schreibmaschinen, Nähmaschinen, Garage mit Reparaturwerkstätten, Pneumatic-Stock, Benzin, Oel, Kaiserstraße 160

Glockner, Gebrüder, Eisengroßhandlung und Haushaltswarengeschäft, Stab- und Faconeisen, eiserne Tragbalken, Bleche, Röhren, Gussbalken, Werkzeuge, Beschläge, Schrauben, Stifte, Eiserne Öfen, Kochherde, Bettstellen, Gartenmöbel, Eisschränke, vollständige Kücheneinrichtungen, Kaiserstraße 105, Lagerplatz Neuffenstraße 5 und 16

Hanser & Winterhalter, Inhaber Joh. Winterhalter, Möbeltransportgeschäft und Fuhrhalterei, Wilhelmstraße 24

Heck, Josef, Cartonagenfabrik, Schwabentorstraße 5

Hedinger, C. Th., Bierversandgeschäft, Salzstraße 7

Hertle, Theodor, Tafelwaagen, Briefwaage, Decimalbrücken- und befahrbare Decimalbrückenwaagen, Plobenzangen, Lager landwirtschaftlicher Geräte, Friedrichstraße 57

Hild, Ernst, Nähmaschinen, Fahrräder, Lager, Landwirtschaftliche Maschinen, Reparatur-Werkstatt, Salzstraße 41

Himmelsbach Gebr., Holzhandlung, Werke für Holzimprägnierung und Kyanisierung, Teerdestillation, Rempartstraße 18

Hilmers, Johann, Inh. der Fa. Südbad, Fahrrad-Industrie, Unterlinden 10

Hitz, Leonhard, Schirm- und Pelzwarenfabrik, Kaiserstraße 94

Hofmann, J., Kunst- und Handels-Gärtnerei, Kaiserstraße 71 und Zinnweg

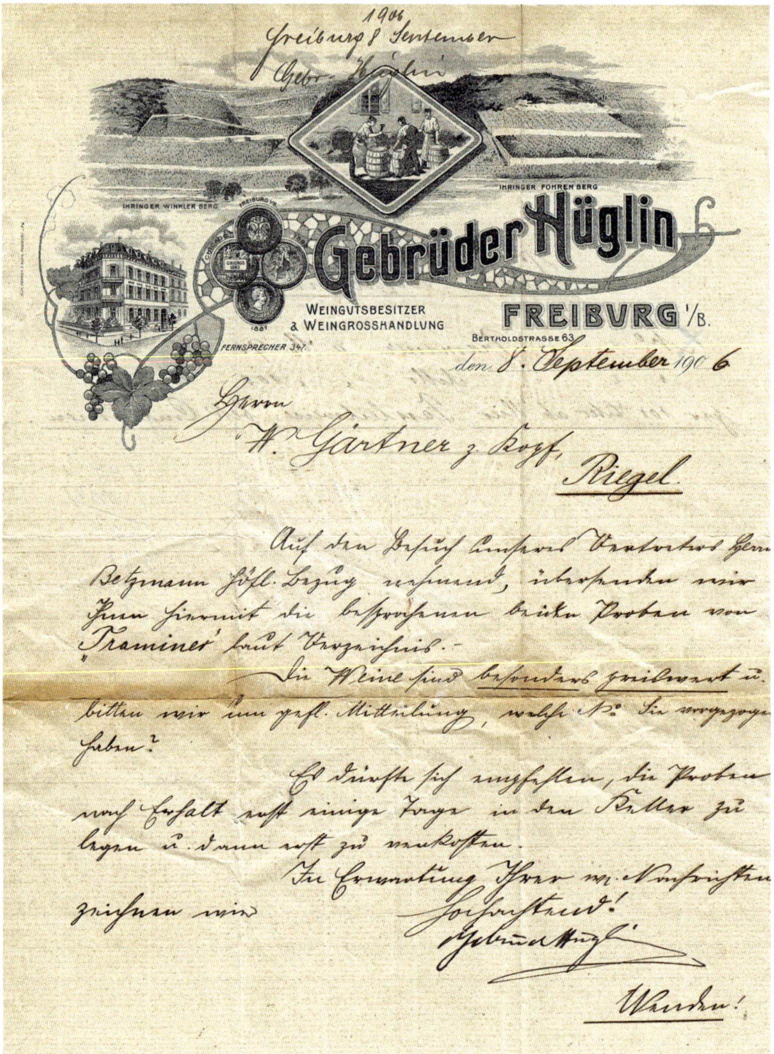
IHRINGER WINKLER BERG · IHRINGER FOHRENBERG

Gebrüder Hüglin

WEINGUTSBESITZER & WEINGROSSHANDLUNG

FREIBURG i/B.

BERTHOLDSTRASSE 63

FERNSPRECHER 347.

den 8. September 1906

Herrn W. Gärtner z. Kopf, Riegel.

Auf den Besuch unseres Vertreters Herrn Betzmann höfl. Bezug nehmend, übersenden wir Ihnen hiermit die besprochenen beiden Proben von Traminer laut Verzeichnis.

Die Weine sind besonders preiswert u. bitten wir um gefl. Mitteilung, welche No. Sie vorgezogen haben?

Es dürfte sich empfehlen, die Proben nach Erhalt erst einige Tage in den Keller zu legen u. dann erst zu verkosten.

In Erwartung Ihrer w. Nachrichten zeichnen wir Hochachtend!

Gebrüder Hüglin

Horber, Anton, Chemische Wäscherei, Kunstfärberei, Gardinenwaschanstalt und Appretur, Dekatur mit elektrischem Betrieb, Gerberau 12–14

Hüglin, Gebrüder, Weingutbesitzer und Weingroßhandlung, Bertoldstraße 63

Karrer, Ferdinand, Zementdielenfabrik, Bertoldstraße 55 und Gartenstraße 12, Fabrik und Lager Neulindenstraße 34

Kern, Carl Wilhelm, Drogerie, Kaiserstraße 129a

Kern, Wilhelm, Uniform- und Studenten-Mützen Fabrik, Kaiserstraße 43

Telefon № 1063.

Carl Wilh. Kern

Drogerie beim Martinstor.

Kaiserstrasse 129 a.

MATERIAL- u. FARBWAREN,
CHEMISCH-TECHNISCHE FABRIKATE.
Lacke, Polituren, Pinsel,
Gewürze, Oele.
en gros und en detail.

GIRO CONTO:
GEWERBEBANK FREIBURG.

Freiburg i. B. den 11. Febr. 1907

Rechnung für Alb. Schultis Gipsermeister Elzach

Wechsel auf Nebenplätze nehme ohne Verbindlichkeit wegen rechtzeitiger Vorzeigung und Protestaufnahme.
Zahlungs- und Erfüllungsort Freiburg. Ziel 3 Monate oder per comptant mit 1½% Skonto. Nach Verfall berechne 5% Zinsen.

Leere Emballagen die von mir sind werden in gutem und reinem Zustande franko innerhalb 2 Monat zurückgenommen. — Bei Zahlung der Rechnung ist Vorausabzug von Emballagen nicht gestattet. Leere Blechkannen und Ballons die unrein und defekt retourniert werden, vergüte nur den jeweiligen Wert. Reklamationen werden nur innerhalb 8 Tagen nach Empfang der Waren berücksichtigt. — Die Güter kommen in bester Beschaffenheit zum Versand, ich hafte daher nicht für Bruch oder Manko auf der Reise.

C. W. K.	Packung		100 Kilo	1 Kilo	M.	Pf.
		Sende auf Ihre Bestellung durch …				
		für Ihre Rechnung und Gefahr per …				
		1 Lackerstl.				
		1/10 Kg. Bolus rot i. Stücken			10.	
					11	

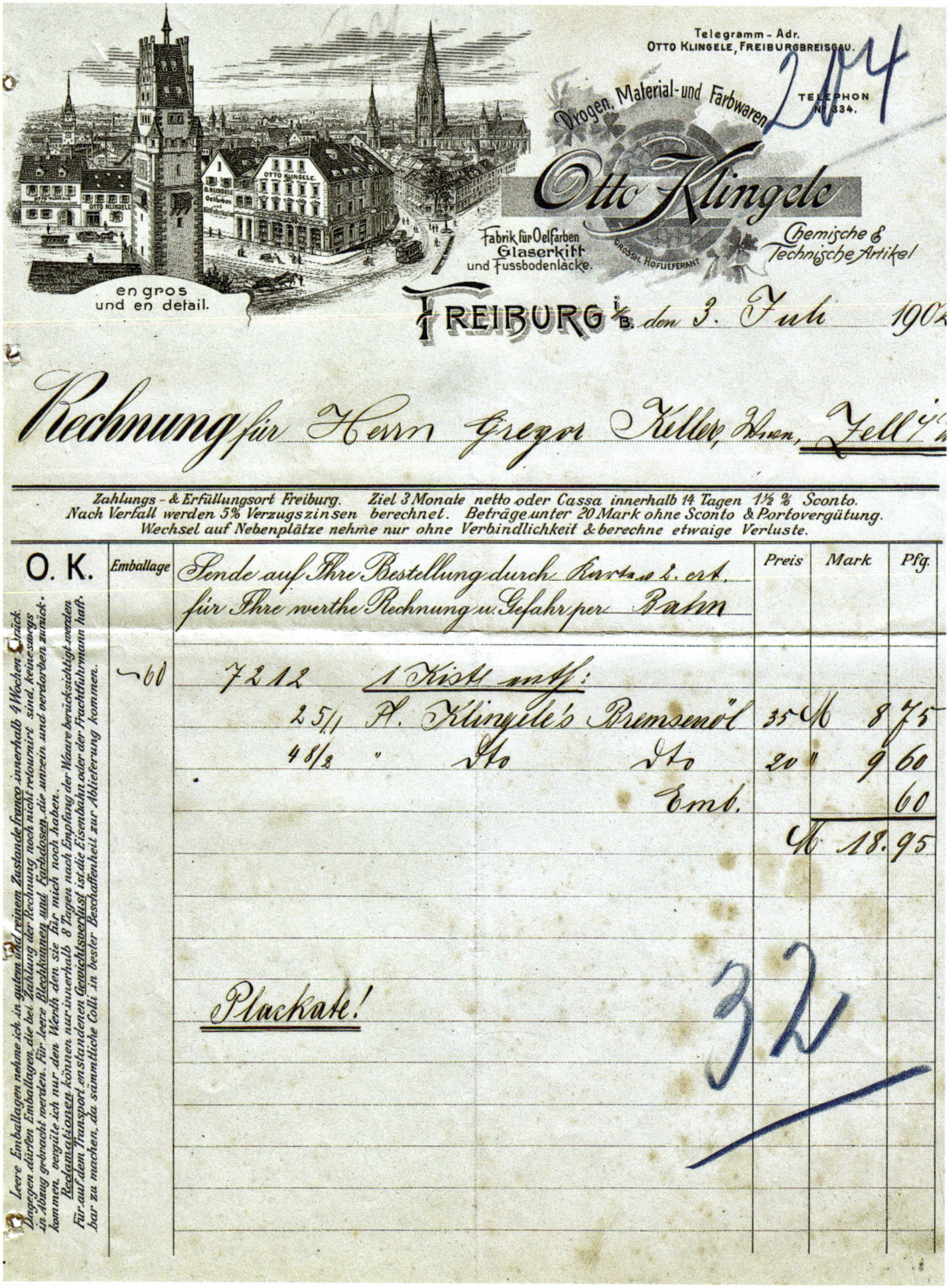

Telegramm-Adr. OTTO KLINGELE, FREIBURGBREISGAU.

TELEPHON No 334.

204

Drogen, Material- und Farbwaren

Otto Klingele

Fabrik für Oelfarben Glaserkitt und Fussbodenlacke.

GROSSH. HOFLIEFERANT

Chemische & Technische Artikel

en gros und en detail.

FREIBURG i/B. den 3. Juli 1902

Rechnung für Herrn Gregor Keller, Uhren, Zell i/W.

Zahlungs- & Erfüllungsort Freiburg. Ziel 3 Monate netto oder Cassa innerhalb 14 Tagen 1½ % Sconto.
Nach Verfall werden 5% Verzugszinsen berechnet. Beträge unter 20 Mark ohne Sconto & Portovergütung.
Wechsel auf Nebenplätze nehme nur ohne Verbindlichkeit & berechne etwaige Verluste.

O. K.

Leere Emballagen nehme ich in gutem und reinem Zustande franco innerhalb 4 Wochen zurück. Dagegen dürfen Emballagen, die bei Zahlung der Rechnung noch nicht retournirt sind, keinesfalls in Abzug gebracht werden. Für leere Blechkannen und Farbdosen, die unrein und verdorben zurückkommen, vergüte ich nur den Werth den sie für mich noch haben.
Reclamationen können nur innerhalb 8 Tagen nach Empfang der Waare berücksichtigt werden. Für auf dem Transport entstandenen Gewichtsverlust ist die Eisenbahn oder der Frachtfuhrmann haftbar zu machen, da sämmtliche Colli in bester Beschaffenheit zur Ablieferung kommen.

Emballage		Preis	Mark	Pfg.
	Sende auf Ihre Bestellung durch Karte v. 2. ert. für Ihre werthe Rechnung u. Gefahr per Bahn			
–60	7212 1 Kiste enth.:			
	25/1 H. Klingele's Bremsenöl	35 M	8	75
	48/2 " Dto Dto	20 "	9	60
	Emb.			60
			M 18.	95

Plackate!

32

Fol. 497

Freiburg i. B'gau, den 21. September 1903

Kaiser-Strasse 133, vor dem Martinsthor.

ALBERT KLINGELE

Kurz,-Weiss-&-Wollwaaren * Woll- & Baumwollgarne

RECHNUNG

Für Herrn Alfred Keller, Zell

Sende Ihnen auf Ihre werthe Rechnung und Gefahr heute per Post

Zahlbar hier, Ziel 3 Monate. Rein Netto.

Porto		4	25
1 Schurz 6/135		3.	50
1 " 1738 I/140		4.	20
2 dz Toledo Ia	4. 50	9.	4
1 pr Handschuhe		2.	50
25 St Fliegensammler	4 07.	1.	75
		21.	20

Dankend erhalten
per Albert Klingele
4/4. 04 Klingele

4

Ausstellungen werden nur dann berücksichtigt wenn solche innerhalb 8 Tagen nach Empfang der Waaren gemacht werden.

S. KNOPF
Freiburg i. Br. Kaiserstrasse Nr. 58 - 62
Kaufhaus für Mode und Bedarf
Rechnung
für Frau Schulze Gaevernitz
Schweighofstr. 9
Telefon Nr. 203.

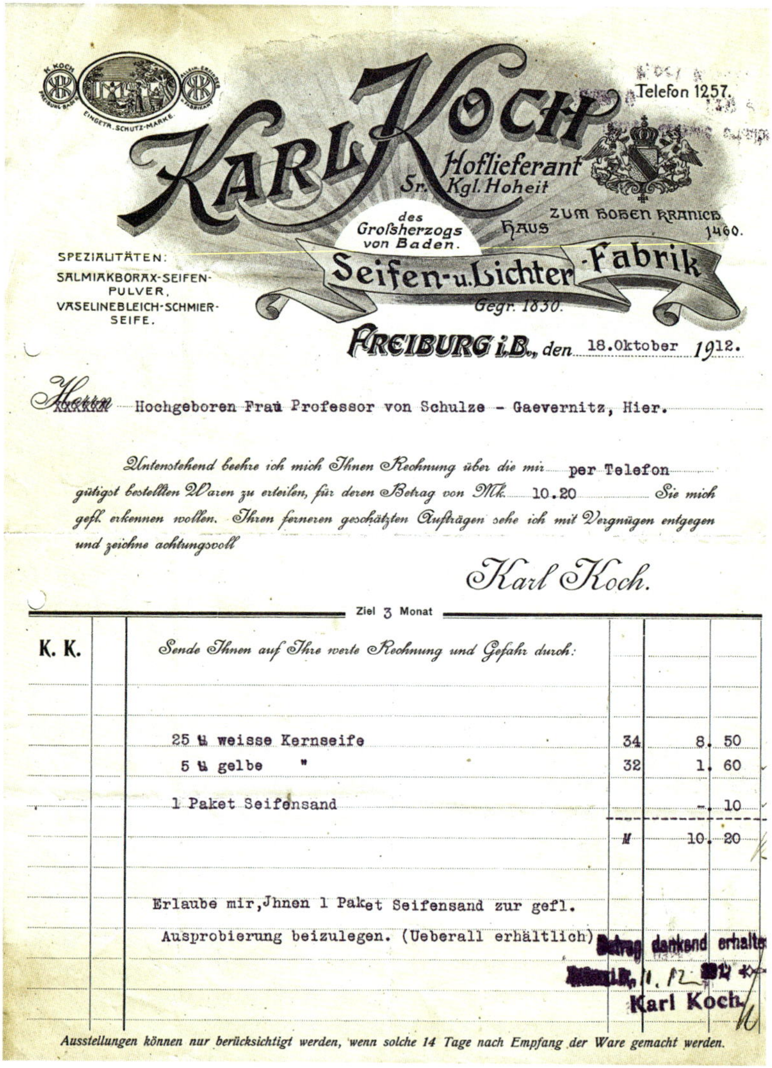

Freiburg i. B., den 18. Oktober 1912.

Herrn Hochgeboren Frau Professor von Schulze - Gaevernitz, Hier.

Untenstehend beehre ich mich Ihnen Rechnung über die mir per Telefon gütigst bestellten Waren zu erteilen, für deren Betrag von Mk. 10.20 Sie mich gefl. erkennen wollen. Ihren ferneren geschätzten Aufträgen sehe ich mit Vergnügen entgegen und zeichne achtungsvoll

Karl Koch.

Ziel 3 Monat

K. K. — Sende Ihnen auf Ihre werte Rechnung und Gefahr durch:

25 ℔ weisse Kernseife	34	8	50
5 ℔ gelbe "	32	1	60
1 Paket Seifensand		-	10
	M	10	20

Erlaube mir, Jhnen 1 Paket Seifensand zur gefl. Ausprobierung beizulegen. (Ueberall erhältlich)

Betrag dankend erhalten
Freiburg i. B., 11. 12. 1912
Karl Koch

Ausstellungen können nur berücksichtigt werden, wenn solche 14 Tage nach Empfang der Ware gemacht werden.

Fol.

TELEGRAMM-ADRESSE:
KOETTING FREIBURGBREISGAU
Fernruf No 267.

K&H

SCHIFFSTRASSE 2.

KAISERSTRASSE 46.

KOETTING & HEINZE
KAUFHAUS FÜR MANUFACTURWAREN

Bank-Conto b. d. Rhein. Creditbank
Filiale Freiburg i. B.

Freiburg i/Br., den 28. Nov. 1911

Rechnung für Hochwohlgeboren Frau v. Schuke-Goerernitz
Hier

Nov	12	Rest Stoff		3	15
"	20	2 1/4 mtr. Stoff	2,40	5	40
"	21	1/2 " "	4.20	2	10
			M	10	65

DANKEND ERHALTEN
FREIBURG i. Brsg., den 1. Dez. 11
per KOETTING & HEINZE.
Schmittgall

Klingele, Albert, Kurz-, Weiß- und Wollwaren, Kaiserstraße 133

Klingele, Otto, Fabrik für Ölfarben, Glaserkitt und Fußbodenlacke, Drogen, Material- und Farbwaren, Oberlinden am Schwabentor

Knopf, S., Kaufhaus, Kaiserstraße 58–62

Koch, Karl, Seifen- und Lichter-Fabrik, Bertoldstraße 7, Seifenpulverfabrik Brunnenstraße 14

Koetting & Heinze, Kaufhaus für Manufacturwaren, Kaiserstraße 465 und Schiffstraße 27

Konrad, Jean, Nachf., Inh. W. Scholte, Gummiwaren Fabrik, Pumpenklappen, Schläuche, Bettstoffe, Kegelkugeln, Kaiserstraße 107

Kornhas, Adolf, Lithographie, Buch- und Steindruckerei, Anfertigung sämtlicher Druckarbeiten, Herrenstraße 3–4

Kraus, Julius, Fabrik und Lager aller Sorten Kachelöfen, Koch- und Heizöfen, Schlossbergstraße 14

Krems, Alois, Unternehmung für Beton- und Eisenbetonbau, Zementfabrik, Eisenbahnstraße 43, Fabrik in Littenweiler

Kreuz, Friedrich, Küchen-& Wirtschaft- Einrichtungs-Magazin, Kochherde, Kochgeschirre, Emailgeschirre, Nickelkochtöpfe, Eismaschinen, Treppenleiter, Klappstühle, Gartenstühle, Bettstellen, Waschmangen, Wringmaschinen, Bügelöfen, Bügeleisen, Waage, Messerwaren, Belfortstraße 1

Krieg, Josef, um 1914 Inh. E. Würstlin, Freiburger Fahnenfabrik und Kunststickerei Anstalt, Gestickte und genähte Vereinsfahnen, Hausflaggen und Schärpen, Metall- und Stoffabzeichen, Kaiserstraße 112

Kunz, Heinrich, Steinkohlen-, Koks- und Brikett-Geschäft, Bertoldstraße 47

Lang, Marie, Niederlassung der Schwarzwälder Steingut-Fabriken (G. Schmieder, Zell und Villeroy Boch, Schramberg), Münsterplatz 12

Mandowsky, A., Möbel und Ausstattungen, Schwabentorplatz 3

Marbe, Josef, Färberei und chem. Waschanstalt, Herrenstraße 45, Fabrikbetrieb und Teppichklopfwerk in Littenweiler

Menner, Oscar, Hutlager und Mützenfabrik, Kaiserstraße 34

Merkle, Emil, Korbwarenfabrik, Kinderwagenfabrik und -Lager, Fabrik von Rohrmöbeln, Kaiserstraße 85/87

Meyer, Ferdinand, Hotel und Hauseinrichtungsgeschäft, spezielle Artikel für Hotels, Restaurants und Cafés, Wringer, Mangen, Lampen, Wiener Stühle, Messerputzmaschinen, Eisschränke, Eismaschinen, Porzellan-, Crystall-, Glas-und Metallwaren, Chrisstoffelbestecke und Wiederversilberung, Kaiserstraße 60

Meyer, Max, Lager und Anfertigung von Tafel- und Dezimalbrückenwaagen, Feuersicher-Kassetten und Kassenschränke, Eisenbahnstraße 31

Motsch, Gustav, Engros-Lager deutscher, englischer und französischer Manufaktur-Waren, Bertoldstraße 48

Müller, P. J., Vergolderei und Trockenstuck Fabrik, Hoflieferant, Schusterstraße 28

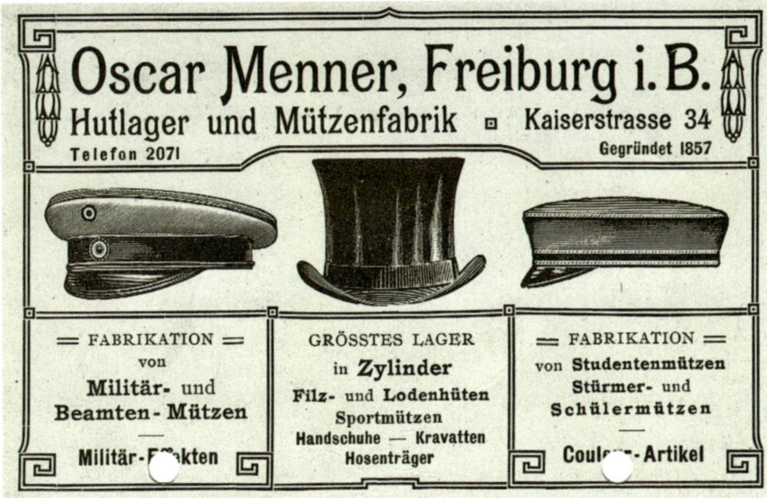
Oscar Menner, Freiburg i. B.
Hutlager und Mützenfabrik ▫ Kaiserstrasse 34
Telefon 2071
Gegründet 1857
FABRIKATION von Militär- und Beamten-Mützen
Militär-Effekten
GRÖSSTES LAGER in Zylinder Filz- und Lodenhüten Sportmützen Handschuhe — Kravatten Hosenträger
FABRIKATION von Studentenmützen Stürmer- und Schülermützen
Couleur-Artikel

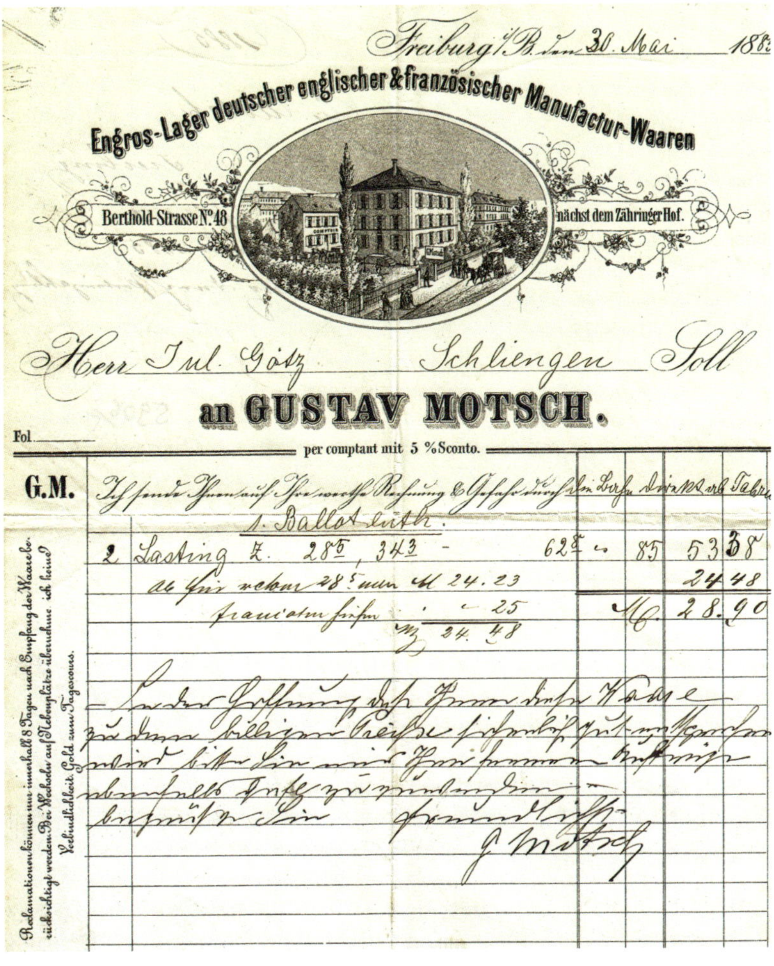
Freiburg i/B. den 30. Mai 188
Engros-Lager deutscher englischer & französischer Manufactur-Waaren
Berthold-Strasse No. 48
nächst dem Zähringer Hof.
Herr Jul. Götz Schliengen Soll
an GUSTAV MOTSCH.
Fol.
per comptant mit 5 % Sconto.
G.M.
Reclamationen können nur innerhalb 8 Tagen nach Empfang der Waare berücksichtigt werden. Bei Wechseln auf Nebenplätze übernehme ich keine Verbindlichkeit. Gold zum Tagescours.
1 Ballot enth.
2 Lasting
24 48
28.90
G. Motsch

Naumann's Fahrräder
DRESDEN

A. Nombride, Freiburg i. Br.
37, Bertholdstrasse 37.

Maschinenmanufactur
für
Nähmaschinen und Fahrräder
der besten Systeme, feinstes Fabrikat.

Allein-Verkauf der vorzüglichen
Junker & Ruh-Dauerbrenner.

Grosses Lager in Glocken, Laternen, sowie allen sonstigen Ersatztheilen für Nähmaschinen, Fahrräder und Strickmaschinen.

Freiburg i. Br., den 1. Jan. 1895.

Rechnung für Titl. Brauereigesellschaft vorm. Meyer & Söhne, Riegel

Reparaturen, Nadeln, Bestandtheile etc. nur gegen Baar.

C. A. Wagner, Freiburg i. Br.

1894		An		
Oct.	5	1 Ofen No. 16 reparirt, demontirt, gereinigt, …	M	22.65

Betrag empfangen 8/1.95
A. Nombride
Freiburg i/B.

Münzer, Mathä, Anfertigung feiner Herrenkleidung und Uniformen, Friedrichstraße 13

Nombride, A., Maschinenmanufaktur für Nähmaschinen und Fahrräder, Bertoldstraße 37

Nosch, Max, Werkstäten für Optik und Feinmechanik, Präzisions-Schleiferei, Bertoldstraße 6

Oberrheinische Automobil GmbH, Automobile, Reparaturen, alte Ersatzteile, Opelvertretung, Kaiserstraße 152

Peter, Adolf (Tee-Peter), Kaffee-Rösterei (mit elektrischem Betrieb), Tee-Import und -Export, Salzstraße 5

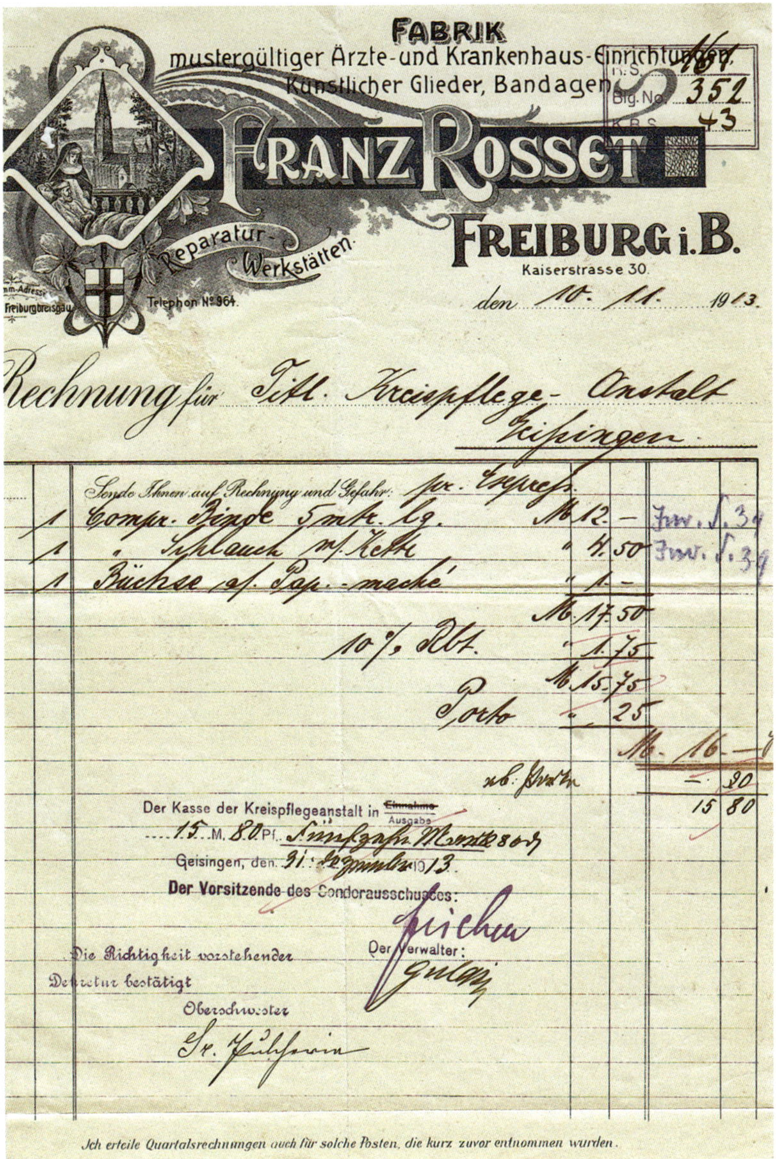
FABRIK
mustergültiger Ärzte- und Krankenhaus-Einrichtungen, künstlicher Glieder, Bandagen
FRANZ ROSSET
FREIBURG i. B.
Kaiserstrasse 30.
Reparatur-Werkstätten
Telephon No 964.
den 10. 11. 1913.

Rechnung für Titl. Kreispflege-Anstalt Geisingen

Sende Ihnen auf Rechnung und Gefahr: per Express

1	Compr. Binde 5 mtr. lg.	M 12.–
1	" Schlauch m/ Kette	4.50
1	Büchse a/ Pap.-maché	1.–
		M 17.50
	10 %. Rbt.	1.75
		M 15.75
	Porto	.25
		M 16.–
		.20
		15.80

Der Kasse der Kreispflegeanstalt in Einnahme/Ausgabe
15 M. 80 Pf.
Geisingen, den 31. Dezember 1913.
Der Vorsitzende des Sonderausschusses:
Der Verwalter:
Die Richtigkeit vorstehender Rechnung bestätigt
Oberschwester

Jch erteile Quartalsrechnungen auch für solche Posten, die kurz zuvor entnommen wurden.

Romer, Adolf, Kunstgeigenbauer und Reparateur, Bertoldstraße 4

Rosset, Franz, Fabrik mustergültiger Ärzte- und Krankenhaus-Einrichtungen, künstlicher Glieder und Bandagen, Bertoldstraße 30

Rothweiler, J. Nachf., Papiergroßhandlung, Fabrikation von Tüten und Beuteln, Werderstraße 6

Ruef, J., Großhandel, Importe, Caffee, Tee, Hülsenfrüchte, Schiffstraße 11 und Colonialwaren ab 1853 am Münsterplatz

Fol. 28/140

Telefon No 24

~~Telephon No 886.~~

Telegramm-Adresse: Schafferer Freiburgbreisgau.

Schafferer & Albrecht

Freiburg i. B.

Eisenhandlung

en gros — en detail

Specialität.

Kleineisenwaaren, Bau- u. Möbelbeschläge

Magazin für Haus und Küchengeräthe

...serdiamanten
...e Brasilianer-Diamanten
Garantie gut schneidend
... M. 3— an bis zu M. 25—
per Stück.

H. M. Poppen & Sohn Freiburg

Freiburg i. B. den 6. October 1906

Rechnung für Herrn Fridolin Hüssle

Luttingen

Kleinlaufenburg

...stellt durch Karte v. 1/X. 06.

Ziel 3 Monat oder per comptant 2 pCt. Sconto.

Sandten Ihnen auf Ihre w. Rechnung & Gefahr

S. A. No					
	1 Kiste				40
1	Lampe No 1400/14‴			1.	65
2	H. Dochte, Blitz 20‴	23		–	46
3	„ Zylinder „ 20‴	20		–	60
				3.	11
				9	64
				34	25
				47	00
				1	50
				45.	50

Alle Bahnsendungen erbitten
Station: Freiburg-Wiehre.

f. 3.

D 24/10/06 zu post 3 m 11 Pf.

ab für 3. H Rech. Skonto 45 Porto 20. rest 4.95. zu post.

Reklamationen finden nur Berücksichtigung, wenn solche innerhalb 8 Tagen nach Empfang der Waaren gemacht werden. Für Emballage vergüten wir, wenn in gutem Zustande franco retournirt, den berechneten Betrag.

Schafferer & Albrecht, Eisenwarenhandlung en gros & en détail, Bau- und Möbelbeschläge, Hotel-, Haus- und Küchengeräte, Glas und Porzellan, Schwabentorstraße 10

Schaich, Julius, Colonial-, Materialfarbwaren und Drogen, Versand natürlicher Mineralwasser und Quellenprodukte, Kaiserstraße 122

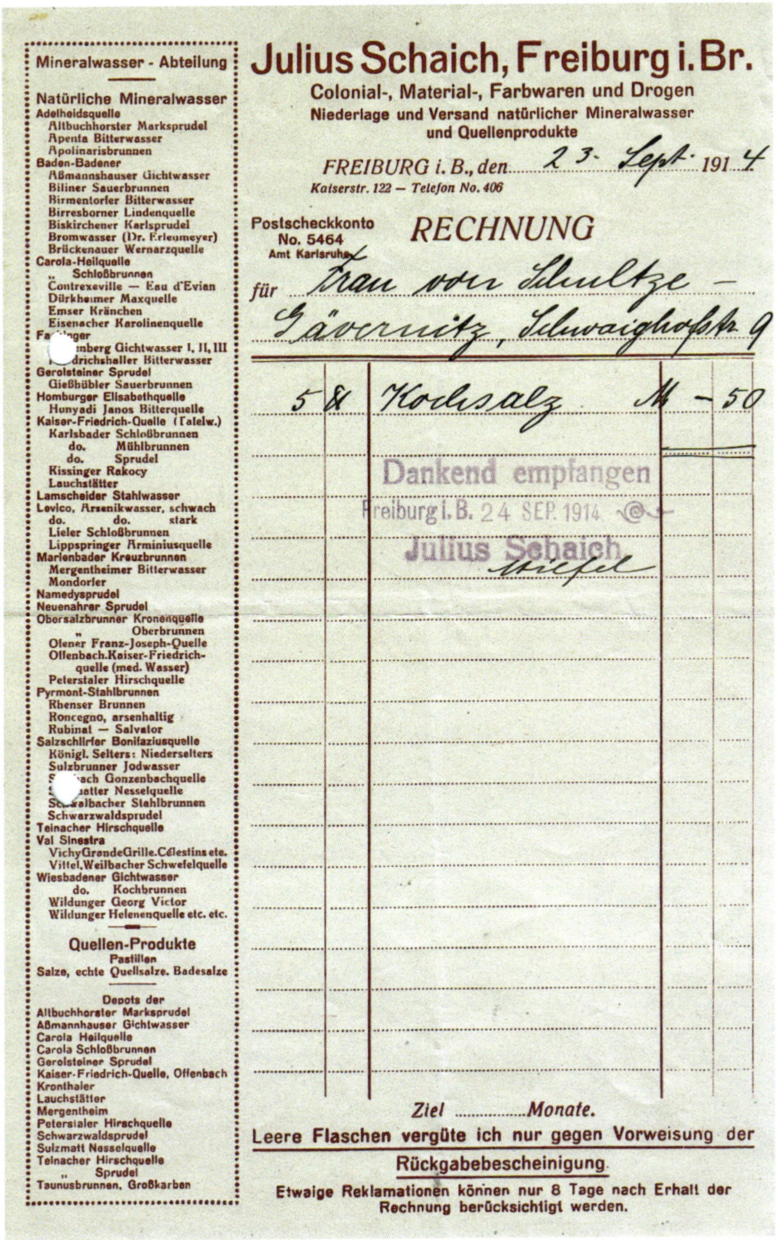

Mineralwasser - Abteilung

Natürliche Mineralwasser
Adelheidsquelle
Altbuchhorster Marksprudel
Apenta Bitterwasser
Apolinarisbrunnen
Baden-Badener
Aßmannshauser Gichtwasser
Biliner Sauerbrunnen
Birmentorfer Bitterwasser
Birresborner Lindenquelle
Biskirchener Karlsprudel
Bromwasser (Dr. Erlenmeyer)
Brückenauer Wernarzquelle
Carola-Heilquelle
„ Schloßbrunnen
Contrexeville — Eau d'Evian
Dürkheimer Maxquelle
Emser Kränchen
Eisenacher Karolinenquelle
Fa[illegible]nger
[illegible]nberg Gichtwasser I, II, III
[illegible]drichshaller Bitterwasser
Gerolsteiner Sprudel
Gießhübler Sauerbrunnen
Homburger Elisabethquelle
Hunyadi Janos Bitterquelle
Kaiser-Friedrich-Quelle (Tafelw.)
Karlsbader Schloßbrunnen
do. Mühlbrunnen
do. Sprudel
Kissinger Rakocy
Lauchstätter
Lamscheider Stahlwasser
Levico, Arsenikwasser, schwach
do. do. stark
Lieler Schloßbrunnen
Lippspringer Arminiusquelle
Marienbader Kreuzbrunnen
Mergentheimer Bitterwasser
Mondorfer
Namedysprudel
Neuenahrer Sprudel
Obersalzbrunner Kronenquelle
„ Oberbrunnen
Ofener Franz-Joseph-Quelle
Offenbach.Kaiser-Friedrich-quelle (med. Wasser)
Peterstaler Hirschquelle
Pyrmont-Stahlbrunnen
Rhenser Brunnen
Roncegno, arsenhaltig
Rubinat — Salvator
Salzschlirfer Bonifaziusquelle
Königl. Selters: Niederselters
Sulzbrunner Jodwasser
S[illegible]ach Gonzenbachquelle
S[illegible]atter Nesselquelle
Sc[illegible]albacher Stahlbrunnen
Schwarzwaldsprudel
Teinacher Hirschquelle
Val Sinestra
VichyGrandeGrille.Célestins etc.
Vittel.Weilbacher Schwefelquelle
Wiesbadener Gichtwasser
do. Kochbrunnen
Wildunger Georg Victor
Wildunger Helenenquelle etc. etc.

Quellen-Produkte
Pastillen
Salze, echte Quellsalze. Badesalze

Depots der
Altbuchhorster Marksprudel
Aßmannhauser Gichtwasser
Carola Heilquelle
Carola Schloßbrunnen
Gerolsteiner Sprudel
Kaiser-Friedrich-Quelle, Offenbach
Kronthaler
Lauchstätter
Mergentheim
Petersialer Hirschquelle
Schwarzwaldsprudel
Sulzmatt Nesselquelle
Teinacher Hirschquelle
„ Sprudel
Taunusbrunnen, Großkarben

Julius Schaich, Freiburg i. Br.
Colonial-, Material-, Farbwaren und Drogen
Niederlage und Versand natürlicher Mineralwasser
und Quellenprodukte

FREIBURG i. B., den 23. Sept. 1914
Kaiserstr. 122 — Telefon No. 406

Postscheckkonto
No. 5464
Amt Karlsruhe

RECHNUNG

für Frau von Schultze-Gävernitz, Schwaighofstr. 9

5 [illegible] Kochsalz M –50

Dankend empfangen
Freiburg i. B. 24 SEP. 1914
Julius Schaich
[illegible]

Ziel ....Monate.

Leere Flaschen vergüte ich nur gegen Vorweisung der Rückgabebescheinigung.

Etwaige Reklamationen können nur 8 Tage nach Erhalt der Rechnung berücksichtigt werden.

Scherer, F., Möbelfabrik, komplette Wohnungseinrichtungen und Villeneinrichtungen, Dekorationen, Herrenstraße 49

Schlageter, August, Kohle-, Holz- und Brennmaterialienhandlung, Mechanische Säge und Spalterei, Günterstalstraße 5, Kontor und Stadtgeschäft Schwarzwaldstraße 7, Hauptlager beim Bahnhof Littenweiler

Schmieder's, Dr., Besitzer Apotheker F. Keim, Mineralwasserfabrik Mineralwasser Großhandlung, Maximilianstraße 2

Schöck, Carl, Handelsgärtnerei, Hoflieferant, (nach 1893 Inhaber C. Lindemann), Bertoldstraße 1 und Baslerstraße 56

Schüler, K.A., Hanf- und Drahtseilerei, Salzstraße 29

Spiegelhalter, Kirner & Cie., Porzellan-, Steingut- Kristallwaren, Hohl- und Tafelglas, Beleuchtungskörper, Aluminium-, Nickel-, Email-Kochgeschirre, Kücheneinrichtungen. Silberbestecke von Christoffel; feinste Solinger Stahlwaren, Bau- und Möbelbeschläge, Kaiserstraße 67

Stockmann, Max, Haus für Installationen, Beleuchtung und Küchen-Einrichtungen, Salzstraße 25–27

Springer, Gebrüder, Freiburger Möbelfabrik, Kaiserstraße 155, Fabrik Zähringerstraße 105

Straub, Ernst, Werkzeugmaschinen, Bormaschinen, Stauch- und Abbiegemaschinen, Feldschmieden, Blasebälge, Schleifsteine, amerikanische, englische, französische und deutsche Werkzeuge für Holzarbeiter, alle Sorten Mutterschrauben und Fassnieten (nicht im Adressbuch 1914)

Taxameter Gesellschaft (Oberbadische), Taxameter und Luxusauto-Verleih, Tag- und Nachtbetrieb, Ecke Kaiser-/Münsterstraße

Wagner, C.A. Hof- und Universitäts-Buchdruckerei, Bertoldstraße 57–59

Wagner, Karl, Luxuswagen, Geschirre und Reitzeug, Rotteckplatz 5 und Gauchstraße 37–39

Weil, Adolf, Weingroßhandlung, Belfortstraße 24 und Riegel a.K.

WIEHRE

Adolph, Gustav, Installation – Blechnerei für Gas-, Wasser- und Entwässerungs-Anlagen, Badeeinrichtungen, Dreikönigstraße 43

Baader, Julius, Bretzel Fabrik (1887 prämiert), Hoflieferant, Filialen in Berlin, Frankfurt, Köln, München und Stuttgart, Baslerstraße 6–8

Bauer, Adolf, Mineralwasserfabrik und Handlung, Zasiusstraße 66

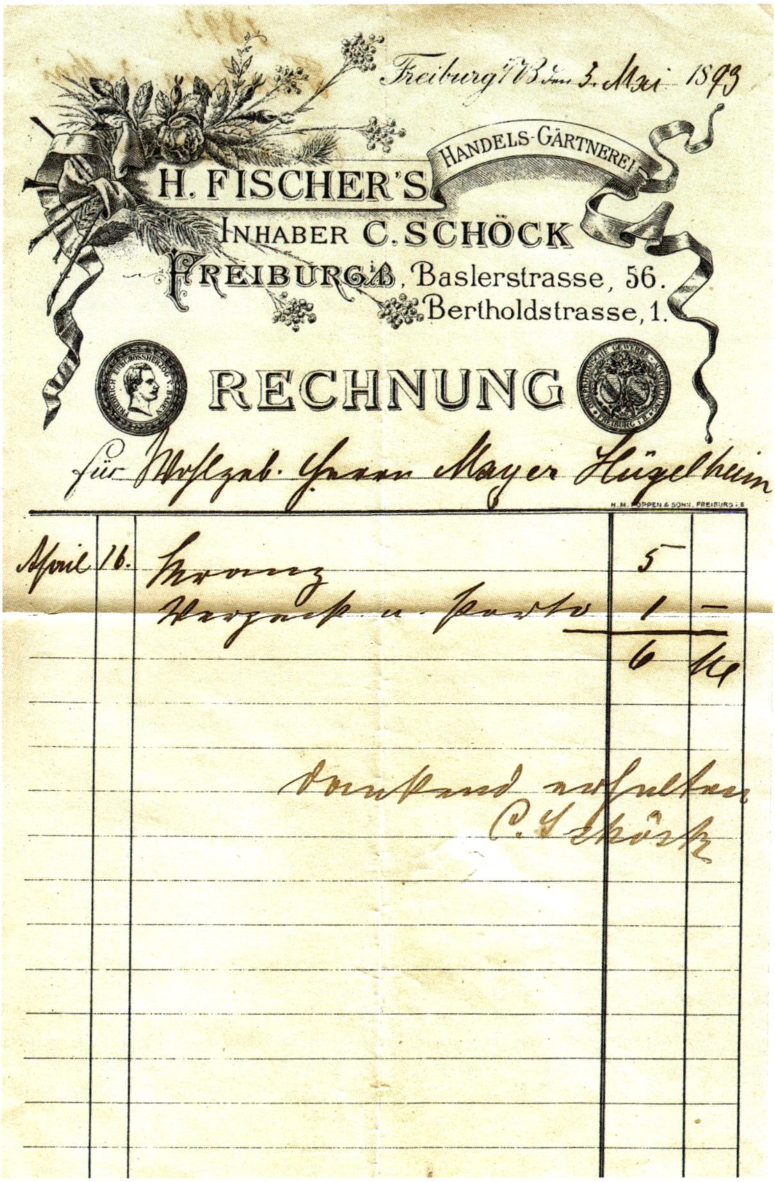
Freiburg i/B den 3. Mai 1893

HANDELS-GÄRTNEREI

H. FISCHER'S

INHABER C. SCHÖCK

FREIBURG i/B, Baslerstrasse, 56.
Bertholdstrasse, 1.

RECHNUNG

für Wohlgeb. Herrn Mayer Hügelheim

April 16.	Kranz	5	—
	Verpackung u. Porto	1	—
		6	M

Dankend erhalten
C. F. Schöck

Beck, Rudolf, Privat-Reitbahn – Reit- und Fahr-Institut, Turnseestraße 5

Bennetz, Wilh. Nachf. (Inh. Alfred Bennetz und Richard Merklinger), Eisenwarenhandlung, Günterstalstraße 16 und Eisenstraße 2–4, Lagerhalle Zollhallenstraße 8

Bensel, Ludwig, Landschaftsgärtnerei – Baumschulen, Zasiusstraße 56

Bernhardt, Andreas, Droschkeninhaber, Lohnfuhrwerke, Konradstraße 17

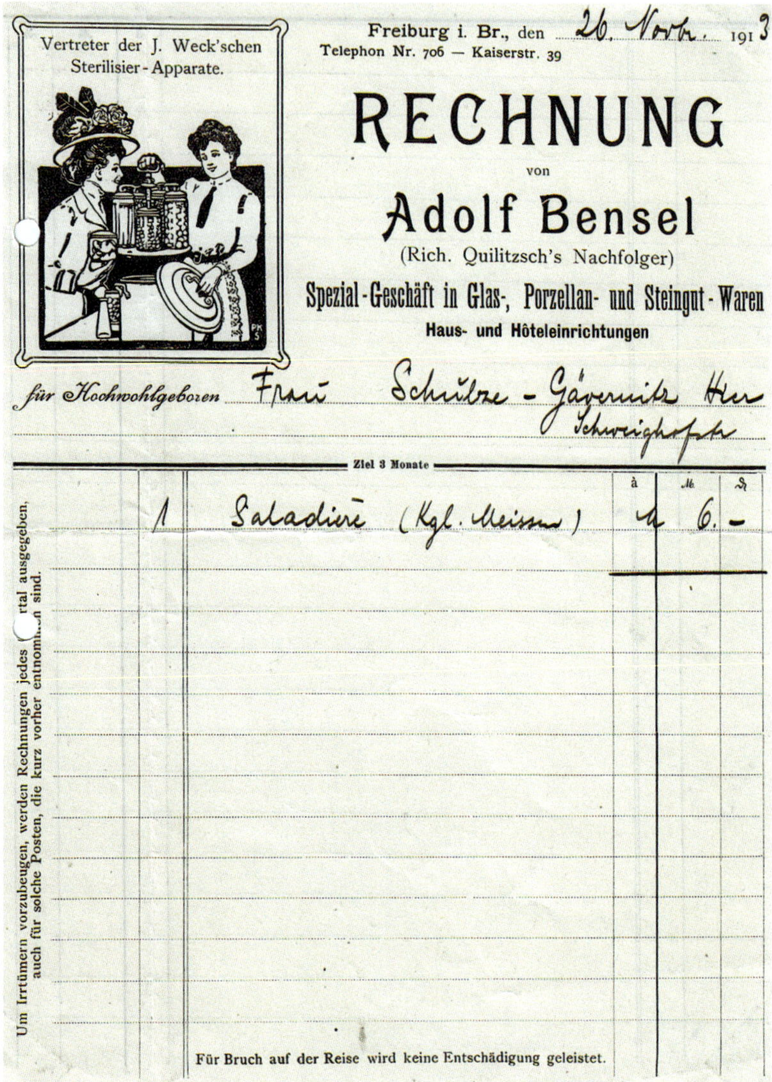

Vertreter der J. Weck'schen Sterilisier-Apparate.

Freiburg i. Br., den 26. Novbr. 1913
Telephon Nr. 706 — Kaiserstr. 39

RECHNUNG
von
Adolf Bensel
(Rich. Quilitzsch's Nachfolger)
Spezial-Geschäft in Glas-, Porzellan- und Steingut-Waren
Haus- und Hôteleinrichtungen

für Hochwohlgeboren Frau Schulze-Gävernitz Herr Schweighofstr.

Ziel 3 Monate

		à	M	₰
1	Saladière (Kgl. Meissen)	à	6.	–

Um Irrtümern vorzubeugen, werden Rechnungen jedes Quartal ausgegeben, auch für solche Posten, die kurz vorher entnommen sind.

Für Bruch auf der Reise wird keine Entschädigung geleistet.

Dresmann, H., Automobil – Vermietung, Runzstraße 14

Eberspacher, Ernst, Rappenegger, Leopold Wwe., Kartonagenfabrik, Buchbinderei und Perforieranstalt, Kirchstraße 37

Eisfabrik (Kristalleiswerk Freiburg) GmbH, Geschäftsführer G. Keller, Schnewlinstraße 3

Faller, Paul, Holzhandlung direkt ab Schwarzwald-Sägewerk, Am Wiehre Bahnhof

Fässler, Emil (vorm. R. Kuenzer), Tapezier-, Polster- und Dekorationswerkstätte, Hildastraße 22

Ganter Brauerei, (ab 1877) Schwarzwaldstraße

Gassenschmidt, Julius, Holz- und Kohle-Handlung, Holzspalterei, Kirchstraße 24

Gerteis, Adolf, Motowagen und Motorzweiräder, Adler-Schreibmaschinen, großes Lager an Nähmaschinen, Lorettostraße 49

Groetzinger & Co., Süddeutsche Ölwerke, Thurnseestraße 4b, Fabrik in St. Georgen

Hahn, Wilhelm, Möbel- und Bauschreinerei, Kirchstraße 44

Hammerschlag & Kahle GmbH, Kunstdruckerei und Verlagsanstalt, Zasiusstraße 98

Hauck, Emil, Großhandlung für Exportbiere, Generalvertreter des Rippoldsauer Schwarzwaldsprudels für Oberbaden, Günterstalstraße 35

Hauri, Willi, Brennholz- und Kohle-Handlung, Mechanische Sägerei und Spalterei, Schwarzwaldstraße 19

Hopp & Hofmann, Architekten und Bauunternehmer, Konradstraße 16, ab 1913 Lorettostraße 33

Höflin, Heinrich (Inh. M. Höflin), Sattlerei für Karosserien und Wagenbau, Maschinentreibriemen, Nähriemen und Verbinder – Reparaturwerkstatt, Basler Straße 13

Krauß, Dominik, ständiges Lager fertiger Kachel- und eiserner Öfen Reparaturen an Wachkesseln und eisernen Öfen, Ausführung von Wandbekleidungen, Kirchstraße 5

Klie, Albert, Elektro-Motoren und Dynamos, Ausführung elektrischer Licht- und Kraftanlagen, technisches Bureau, Lessigstraße 9

Kiesel, Franz, Älteste Rolladen- und Jalousien-Fabrik am Platz, Dreikönigstraße 43

Kristalleiswerke Freiburg GmbH, Schnewlinstraße 3

Lauermann, J. W., Freiburger Trockenstuck-Fabrik mit Bildhauerei, Schwarzwaldstraße 57 und Fabrikstraße 10

Lebenshilfe- und Produktiv-Verein mit zehn Geschäftsfilialen in der ganzen Stadt, Brombergstraße 11

Mayer & Hanser, Engros-Lager in Installations-Artikeln, Wasser-, Gas- und Dampf-Leitungen, Bedarfsartikel für elektrische Licht- und Klingelanlagen, Günterstalstraße 25–27

Milker, Paul, Hoflief., M. Wachters Nachfolger, Photolithographie, Autographen, Buchdruckerei, Steindruck, Lessingstraße 4

Oheim, Rudolf, Werkstätte für Dekorationsmalerei, Talstraße 6

Süddeutsche Oelwerke

J. GROETZINGER & CIE

CORDOR
S.O.F.
unübertroffenes
AUTO-OEL
Alleinige Fabrikanten:
SÜDDEUTSCHE OELWERKE
FREIBURG i.B.

Lager in
ANTWERPEN
ROTTERDAM
KÖLN a.Rh. & DUISBURG
MANNHEIM
KARLSRUHE
KEHL & STRASSBURG
ULM a.D.
MÜNCHEN, NÜRNBERG
BERLIN, LUXEMBURG.
BASEL, ST. ETIENNE (Frankreich.)

Abt. I Fabrikation techn. Oele u. Fette
- II Cordor-Oele, gesetzl. geschützt.
- III Harzdestillation u. Pechsiederei.
- IV Speiseoele.

TELEFONANSCHLÜSSE: No 258 u. 393.
TELEGRAMM ADRESSE: OELWERKE FREIBURG.
[Pos]tscheckkonto Karlsruhe No. 1032

FREIBURG i/B. den 30. März 19

Factura

Com. Fol.
J. Fol.

für Herrn Adolf Zimber, Gewehrschaftfabrik Krozingen.

Bei Rimessen auf Nebenplätze wird weder für Beibringung eines Protestes noch für rechtzeitige Vorzeigung Verbindlichkeit übernommen.

Ziel: Monate oder Cassa % Sconto.

Erfüllungs- u. Zahlungsort ist Freiburg i.B.

S.O.

Sandten auf Ihre Rechnung und Gefahr durch die Bahn

3145. 1 Kanne Ia Auto-Oel Cordor I.
6 Kg à 72.- 4.32

3146. 1 " " " " Cordor II.
6 Kg à 72.- 4.33

8.65

Zu gut hab ich für retourniertes Autooel incl. Fass M 63.62

18,-

Berechnete Emballagen nehmen innerhalb 6 Monaten aber nur in gutem Zustande und franko Stat: Freiburg-Süd retour

Zahlungen sind nur direkt an uns oder an mit Vollmacht versehene Reisende zu machen.

Reklamationen finden nur dann Berücksichtigung, wenn solche gleich nach Empfang der Ware gemacht werden.

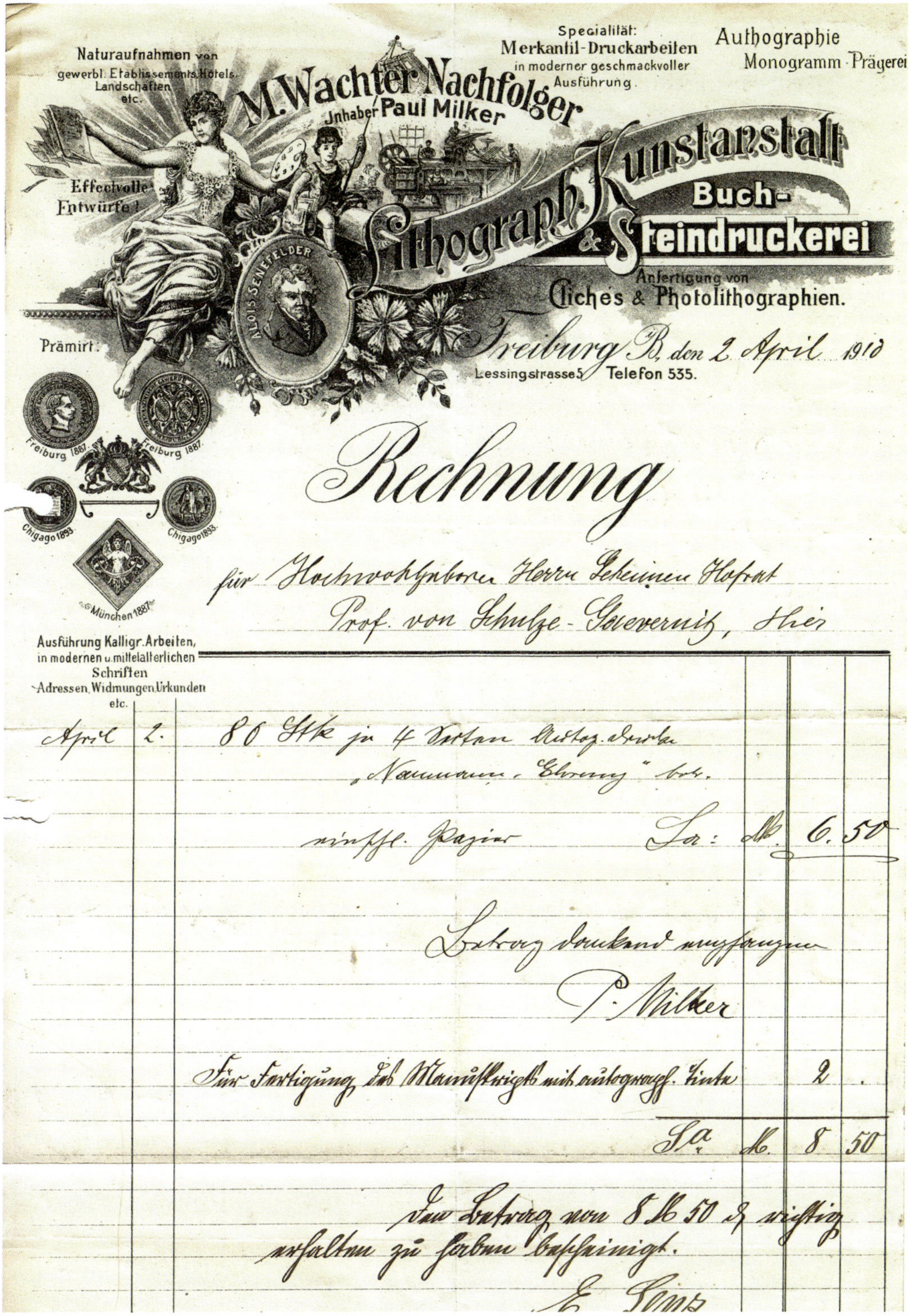

Naturaufnahmen von gewerbl. Etablissements, Hôtels, Landschaften etc.

Effectvolle Entwürfe!

M. Wachter Nachfolger
Inhaber Paul Milker

Specialität: Merkantil-Druckarbeiten in moderner geschmackvoller Ausführung.

Authographie
Monogramm-Prägerei

Lithograph. Kunstanstalt
Buch- & Steindruckerei

Anfertigung von Cliches & Photolithographien.

Aloys Senefelder

Prämirt: Freiburg 1887. Freiburg 1887. Chigago 1893. Chigago 1893. München 1887.

Freiburg i/B, den 2 April 1910
Lessingstrasse 5 Telefon 535.

Rechnung

für Hochwohlgeboren Herrn Geheimen Hofrat
Prof. von Schulze-Gaevernitz, Hier

Ausführung Kalligr. Arbeiten, in modernen u. mittelalterlichen Schriften
Adressen, Widmungen, Urkunden etc.

April	2.	80 Stk. zu 4 Karten Autog. drucke „Naumann-Ehrung" bzw. einschl. Papier Sa:	M.	6.	50
		Betrag dankend empfangen P. Milker			
		Für Fertigung des Manuskripts mit autograph. Tinte		2	.
		Sa.	M.	8	50

Den Betrag von 8 M 50 ₰ richtig erhalten zu haben bescheinigt.
E. Lenz

Raimann, Maschinenbau, ursprünglich Talstraße 70, ab 1867 Fabrikstraße, ab 1904 Fabrik in St. Georgen

Reich, G. H., Kunst- und Handelsgärtnerei, Günterstalstraße 7

Reis, Franz (ab ca. 1910 Leopold Hertweck), Mechanische Glaserei, Ausführung von Neubauten, Talstraße 30

Reiser, August, Fuhrhalterei, Kirchstraße 8

Reiser, R., Maschinenfabrik, Windhoff & Cie. mbH, Baslerstraße 25

Saurer, Mineralwasserfabrik, garantiert reine, natürliche Limonaden, Heil- und Tafelwasser, Scheffelstraße 24

Schmidt, Eugen, Architekt und Bauunternehmer, Kronenstraße 21

Schüssele, And., Bürstenmacher, Kirchstraße 14

Stadler, Philipp, Zimmermeister, Holzhändler, Dampfsägewerk, Bauschreinerei, Hildastraße 64

Steiert, G., Bürsten- und Pinselfabrik mit Dampfbetrieb, Hildastraße 6–8

Vögtle, F., Magazin für Liebhaberkünste, Fabrikation feinster Holzwaren, Hildastraße 14

Walther, Phil. & Co., Architekten und Bauunternehmer, Atelier für Architektur und Grabmalkunst, Kronenstraße 14

Wilsch, Robert, Baublechnerei und Installationsgeschäft, Kirchstraße 28

Willmann, Alfred, Schlosserei und Installationsgeschäft, Günterstalstraße 34

WEITERE STADTTEILE

Adler, Johann Baptist, Wollspinnerei und Wattfabrik, Tennenbacher Straße 11

Angst, Hermann, Oberbad. Gummiwaren Industrie, Sautierstraße 12

Anslinger, Franz, Kanalisation, Bäder, Toiletten, Badeanstalten, Brause-, Küchen-, Spül- und Wascheinrichtungen, Gas- und Wasserleitungen, Karlstraße 3

Badenia, Merck & Arens, Hof-Chocoladen-Zuckerwaren- & Bretzel-Fabriken, Haslacher Straße 10

Beierle, Albert, Fabrik für Zinkornamentik und Eisenkonstruktionen, Karträuserstraße 23

Birkle, Wilhelm, Söhne, Bau- und Zimmergeschäft, Dampfsägewerk, Holzhandlung, Hauptstraße 17

Bollinger, Julius & Cie., Oberrheinische Leichsteinwerke, am Güterbahnhof

R.
C.3165.

G. Steiert
Freiburg i. B.
Bürsten- und Pinsel-Fabrik
mit Dampfbetrieb

Fernsprecher 1591
Telegr. Adr.: G. Steiert Freiburgbreisgau.
Bank-Conto: Freiburger Gewerbebank.

Bahnsendung: Freiburg-Wiehre
Ausführung nach eigenen oder eingesandten Mustern.

Den 11. September 1911.

Rechnung für Herren M e y e r & S ö h n e, Brauereibesitzer

33/3. R i e g e l.

Zahlbar innerhalb 30 Tagen bar mit zwei Prozent Skonto oder in Drei-Monats-Rimessen netto.
Wechsel übernehme ich nur ohne Verbindlichkeit für rechtzeitige Vorzeigung oder Protest unter Berechnung der Einziehungskosten.
Bei Zahlungen unter Mk. 20.– wird kein Skonto vergütet. – Erfüllungsort und Gerichtsstand: Freiburg i. B.

B. ARNAUD, L. P.

G.S.				
	Sandte Ihnen zufolge Ihres Auftrags durch:			
	die Bahn als Expressgut, ein Paket enth:	Verpackung zurück gegeben	– 90	
3	Dtzd. Maurerpinsel № 5	2.20	79.20	
			Mk.	80.10
			S. E. & O.	

Richtig
B. 13. 9. 11
Wendel

ab 1/2 Marg. 0.45
2% 1.58
2.03
M 78.07

Dankend erhalten
G. Steiert

Reklamationen können nur 8 Tage nach Empfang der Ware berücksichtigt werden

Wunsbr. Ki.

Brenzinger & Co., Beton- und Eisenbetonbau, Zementfabrik, Stühlingerstraße 22/24

Breisgauer Verbandsabdeckerei, St. Georgen

Bombach, Franz, Fabrik für Centralheizungen, Eisen- und Maschinenbau, Merzhauser Straße 66

Engster & Schoeneberger, Maschinenfabrik, Kartäuserstraße 64

Flinsch, F., Papierfabrik, Kartäuserstraße 122

Dorfmeister, J. N., Fabrikation und Installation sanitärer Heizungs- und Beleuchtungsanlagen, Massen-Klosetts, Großh. Bad. Hoflieferant, Rheinstraße 17

Dreyer, Otto, Ofenfabrik, Jacobistraße 2

Freiburger Motorenwerke GmbH, Lehener Straße 25

Gerteis, Julius, mechanische Schreinerei und Parkettfabrik, Freiburger Schulmöbelfabrik, Bleichestraße 15

Grafmüller & Cie., Freiburger Schnellwachs- und Fettwarenfabrik, Merzhauser Straße 6, Filialfabrik für die Schweiz in Aesch (Baselland)

Grether & Co., Maschinenfabrik und Gießerei, Adlerstraße 10

Heim C. A. & Cie. Süddeutsche Nährmittelwerke, Heim's konzentrierter Milchkaffee (Kaffee mit Milch und Zucker), Heim's Flüssiger Kaffee (schwarz ohne Zucker), Marke Schwarzwaldhaus, Fabrikstraße

Hellige, Fritz, Herstellung optischer Instrumente für Medizin, Feldstecher, Fernrohre, Vertretung der Fa. Carl Zeiss, ab 1895 in der Albertstraße und ab 1910 auch Fertigung im Stühlinger

Henrich, Johann, Spezialfabrik für Oekonom-Apparate, Kochen-Braten-Backen im Oekonom, Freiburg Littenweiler

Herder Verlag, ab 1808 Buchhandlung, ab 1910 Verlagshaus Habsburgerstraße

Herte Companie, Handelsgeschäft für Motorentreibstoffe, Spezialität Benzol, Benzin und Autoöle, Zasiusstraße 19, Lager Ecke Endinger- und Waldkircher Straße

Hülsmann, Karl, Steinkitt- und Nivelinfabrik, Rheinstraße 60

Himmelsbach, J., Holzgroßhandlung, Imprägnieranstalten, Säge- und Hobelwerke, Kistenfabrik, Friedrichstraße 28, Lager am Güterbahnhof

Jaeger, Ludwig, Erste Deutsche Furnierfabrik, Fabrikation aller Sorten Messer- und Sägefurniere, Zähringer Straße 60

Keller, Rudolf, vorm. W. Heizmann, Blechnerei, Gas- und Wasserinstallation, Closet und Bäder, Reparaturen Kartäuserstraße 28

Knittel Otto & Co., Spiegel- und Rahmenfabrik, Wentzingerstraße 42

Köcher, Oskar, Fabrikant, Friseurmöbel und Utensilien en gros, Reiterstraße 13

Kromer, Theodor, Fabrik für Geldschrankschlösser, Hochmeisterstraße 4 und Lehener Straße 40

Kromer, W., Schraubenspund-Fabrik, Weichguss-Gießerei, Lehener Straße 42

Krumeich, J. B., Baumwollspinnerei und -zwirnerei, Zähringer Straße 64

Kuenzer & Co., Cichorien-Caffee-Fabrik, Weinhandlung, Champagner-Geschäft. Auf Postkarten von 1905 wird Freiburger Früchte-Kaffee als Volksnahrungsmittel angepriesen, Büro in der Bismarkstraße 15

Kuranstalt Rebhaus, Freiburg Günterstal

Löwenbrauerei Louis Sinner, Actien-Gesellschaft-Freiburg i. Br., Bier Export, Klarastraße

Lederle, Wilhelm, ab 1866 Maschinenfabrik, Pfungerkolbenpumpen, Kreiselkolbenpumpen, Kolbenpumpen, Gundelfingen Gewerbestraße

Leiber & Cie., Inh. R. Leiber, Buchbindereibedarfsartikel en gros, Werkzeuge und Maschinen, Rennerstraße 4

Meier, C. H., Freiburger Teigwaren Fabrik, Inh. Friedrich Reichenbach & F. K. Vonstein, Eierteigwaren, Suppen- und Gemüsenudeln, Macaroni,

Hartweizengries, Paniermehl, Spezialität »C. H. Meier's Hausfrauen Eiernudeln«

Mengler, Gebr. GmbH, Speditionsgeschäft und amtliche Güterbestätterei, Waldkircher Straße 12, Adlerstraße 8, Schnewelinstraße 1, Bahnhof Wiehre

Menger, Gebr., Buttersiederei (Diplom der landwirtschaftlichen Ausstellung in Freiburg 1875), nicht im Adressbuch 1904 oder 1914

Meyer-Marthe, Friedrich, Freiburger Teigwaren und Bretzel-Fabrik, Rheinstraße 64

Mez, Vater & Söhne (später Mez AG), Seiden-Zwirnerei und Färberei, zuerst in der Gerberau 19, ab 1832 in der Karthäuserstraße

Milchgenossenschaft Freiburg GmbH, Verkaufslokal und Büro, Fabrikation und Handel, Milchstraße 3

Moritz, Gebrüder, Zuckerwaren Fabrik (Inhaber Herm. Moritz), Fabrikation von deutschen und englischen Bonbons, Confecturen, Lebkuchen, Weihnachts- und Osterartikel, Fruchtconserven, Liqueuren, nicht im Adressbuch 1914

Nelson & Co., Bürstenfabrik Freiburg, Hoflieferant seiner königlichen Hoheit des Großherzogs Friedrich von Baden, Zähringer Straße 21 und Münchhofstraße 40

Pascotto, Alois, Terazzo- und Zementgeschäft, Büro Kreuzstraße 36, Fabrik Haslacher Straße

Supan, Die territoriale Entwicklung der europäischen Kolonien M. 12.—, geb. M. 13.50

Justus Perthes' Physikalische und Historische Handatlanten; Geologische Kartenwerke; Lehrbücher der Geographie; Verkehrskarten; Umrißkarten; Geographische Zeitschriften u. Jahrbücher; Reiseführer

Stielers Hand-Atlas neuester Abdruck

Ausgabe mit Anhang: (Anhang: Vogels Karte d. Deutschen Reichs in 1:500000, Umdruck-Ausg.) enthält 127 Karten in Kupferstich mit 162 Nebenkarten auf 254 Seiten und ein alphabet. Namenverz. von rund 300000 Namen. Preis in Pracht-Halblederband M. 50.—.

Ausgabe ohne Anhang: Enth. 100 Karten in Kupferstich mit 162 Nebenkarten auf 200 Seiten und ein alphabet. Namenverzeichnis von rund 240000 Namen. Preis in einfachem Einband M. 38.—, in Prachtband M. 42.—, in 2 Bänden (Karten ungebroch., Namenverz. extra) M. 45.—.

Stielers Hand-Atlas Mit Anhang: Vogels Karte des Deutschen Reichs

Natürliche Größe 41×27 cm

Vogels Karte des Deutschen Reichs im Maßstab 1:500000

Umdruckausgabe: (nur gebunden lieferbar) enth. 27 Blätter in Kupferstich mit alphabet. Namenverzeichnis (rd. 60000 Namen). Preis in Ganzleinenband M. 12.—.

Ausgabe in Kupferdruck mit Handkolorit: Einzelne Blätter (nur aus dieser Ausgabe) M. 2.—, aufgez. auf Leinwand achtfach zusammenlegbar M. 2.40. Vollständig: 27 Blätter m. Titelblatt flach u. lose in Leinw.-Mappe ohne Namenverz. M. 46.—, als Atlas in Halbleder mit Namenverz. M. 49.—, aufgez. auf Leinw., jed. Blatt einzeln achtfach zus.gel. in Ganzlederkapsel ohne Namenverzeich. M. 60.—.

Partsch, Mitteleuropa, von den Westalpen bis an das Kurische Haff M. 10.—, geb. M. 11.50

Justus Perthes' Physikalische, Politische und Historische Schulwandkarten; Sprachenkarten; Schulatlanten; Wandkarten zur Wirtschafts- und Kolonialbewegung; Kontor- u. Reisekarten

Fernsprecher 955

Fol. 538.

RECHNUNG für Herrn Geh. Rat Professor Dr. von Schulze-Gävernitz Schwaighofstr. 9

von

Speyer & Kaerner, Universitätsbuchhandlung

Sortiment * Antiquariat * Verlag

Freiburg i. Baden, den 31. XII 1911.
Albertstraße 16

24. VIII	1	Marx oder Kant	netto	1.—
		Porto nach Zürich		—.15
			M	1.15

Betrag dankend erhalten
per Speyer & Kaerner Universitätsbuchhandlung Freiburg i. Baden.
Szagger

Justus Perthes' Taschenatlanten

Taschen-Atlas Preis M. 2.40
Taschenatlas vom Deutschen Reich Preis M. 2.40
Staatsbürger-Atlas Preis M. 2.—
See-Atlas Preis M. 2.40
Atlas antiquus Preis M. 2.60
Geschichts-Atlas Preis M. 2.40

Lederkasten zur Aufnahme von 5 Bändchen M. 2.60, zur Aufnahme von 6 Bändchen M. 3.—.

Rechts und links der Eisenbahn!

Neue Führer auf den Hauptbahnen im Deutschen Reiche u. in den Grenzländern

73 Hefte mit je 2 Karten Preis jed. Heftes 50 Pf.

Gothaischer Hofkalender

nebst Diplomat.-statist. Jahrbuch in französ. Sprache unter dem Titel Almanach de Gotha

Taschenbücher der Gräflichen, Freiherrlichen, Uradeligen und Briefadeligen Häuser

Preis je M. 8.—

Ausführliche Spezial-Prospekte über die Verlagswerke von Justus Perthes stehen auf Wunsch bereitwilligst und kostenfrei zur Verfügung

Raimann & Cie., Schraubenfabrik, Spezialität Spund & Zapflochbüchsen, Spundverschraubungen, Dichtungsläppchen, Lagerfass- und Gärbottiche, Zapfvorichtungen, ab 1904 Fabrik in St. Georgen

Richter, Carl, Nachf. Dr. Creutz und Lautenbach, Chemische Produkte, Eschholzstraße 100

Ringwalds Fuhrpark, elegante Fahrwerke aller Art, Kartäuserstraße 50

Rohr, Leonard (Anton Wehrle's Nachfolger), Cigarren Fabrik, Fabriken in Denzlingen und Sexau, Fabrikation von Brissago-Virginia-Cigarren, Java-Cigarren sowie alle Sorten von Schweizer Cigarren, Hugstetter Straße 38 und Fedderstraße 1

Schäuble, Xaver, Farbenfabrik, Lacke, Pinsel, Wentzingerstraße 20

Schmidt, Fritz, Freiburger Schmirgelwerk, Schmirgelscheiben-, Mühlstein- und Steinkittfabrikation, Freiburger Schrotsteine, Schmirgelschleifmaschinen, Schmirgelleinen und Glaspapier, Weißstraße 90

Schwarz, Carl, Putzwollfabrik, Haslacher Straße 102

Schwickert, Richard, Technische Papiere, Merzhauser Straße 20

Siegel & Weiss, Kunst-, Bau und Herdschlosserei, Übernahme von Neubauten, Lieferung selbstverfertigter Sparkoch-Herde, Auslieferung schmiedeeiserner Tore, Geländer, Balkons, Veranden, Glasdächer & Füllungen

Speyer & Kaerner, Universitätsbuchhandlung, Verlag, Antiquariat, Albertstraße 16

Trübner A. & Steup W., Phonolithwerke und Cementwarenindustrie, Betonierungsmaterial, Unterbau- und Gerüststeine, Ausführung von Kanalisationsarbeiten, Oberrotweil a. K. und Freiburg i. Br.

Weil, Leopold, Freiburger Sanitäts- und Kindernähr-Zwieback Fabrik, Großh. Bad. Hoflieferant, nicht im Adressbuch 1904/1914

Welte & Söhne, Selbstspielende Klaviere und Orgeln, Lehener Straße 9

Wieber, Heinrich & Friedrich, Zuckerwaren Fabrik (waren ca. ab 1908 Nachfolger der Gebrüder Moritz s. o.), im Adressbuch 1914 nur die Privatdressen Reischstraße 9 und Agnesenstraße 10

Wuhrmann, Heinrich, Geschäftsbücher Fabrik und Buchdruckerei, Karthäuserstraße 30, dazugehörig Papier und Schreibewarenhandlung in der Eisenbahnstraße 12

Zerbe, Carl, Chemische Werke, Weißstraße 100

Bürgerverein Oberwiehre-Waldsee e.V./Bürgerverein Mittel- und Unterwiehre e.V. (Hg.): Die Wiehre – Ein Almanach. Freiburg 1999.

Chickering, Roger: Freiburg im Ersten Weltkrieg. Paderborn 2009.

Geissler-Ruckmich, Peter: Private Notizen.

Haumann, Heiko/Hans Schadeck (Hg.): Geschichte der Stadt Freiburg im Breisgau. 3 Bände. Stuttgart 1994. – Die meisten der in Kapitel 2 genannten Daten sind dem Beitrag von H. Haumann, U. Kühl, M. Lallinger, R. Liessem-Breinlinger, F.L. Sepaintner und H. Zoche in Band 3 entnommen.

Kalchthaler, Peter/Walter Preker (Hg.): Freiburger Biographien. Freiburg 2002.

Kühlbacher, Ingrid: In Freiburg bekannt. Freiburg 2009.

Popp, Heinz Dieter/Karlheinz Scherfling: Wer ist was in Freiburg? Freiburg 1982.

Poppen, Maria: Geschichte der Buchdruckerfamilie Poppen. Freiburg 1931.

Schreiber, Heinrich: Geschichte der Stadt Freiburg im Breisgau. 4 Teile. Freiburg 1857–1858.

Stadtarchiv Freiburg i.Br.: Sammlung von Fest- und Jubiläumsschriften verschiedener Firmen.

Universitätsbibliothek Freiburg i.Br.: Adressbücher aus den Jahren 1901–1947.

Telegr. Adr. AUSSTELLUNG BURSENGANG.

Schwarzwald-Industrie-Ausstellung

G. m. b. H.

FREIBURG i/BREISGAU

Fernsprecher ~~№ 6 u. 66 d.~~ Nr. 1400

den 6. Januar 1917.

Rechnung für Herrn Alfred S c h u l t i s, Hafnermeister. E l z a c h.

Wir beehren uns, Ihnen nachstehend Rechnung über die uns durch gütigst bestellten Waren zu erteilen, deren Betrag Sie uns mit Mk. gutzuschreiben belieben. Wir sehen der Erneuerung Ihrer sehr geschätzten Aufträge mit Vergnügen entgegen und zeichnen

Hochachtungsvoll

Schwarzwald-Industrie-Ausstellung

Dtl. Cr. B. Fol. 62 Ziel .... Tage mit .... Skonto oder .... Monats-Accept netto.

S. I. A.

№ 3747 — *Sandten Ihnen für Ihre werte Rechnung und Gefahr durch*

		№	
2	Teller mit Trachten	M -.80	M 1.60
4	" " Kieferzweig	" -.60	" 2.40
2	" patriotisch	" -.35	" 0.70
1	" "	" -.40	" 0.40
2	" "	" -.45	" 0.90
1	" "	" -.50	" 0.50
1	" "	" -.60	" 0.60
12	" tief Decor 59/3½	" -.40	" 4.80
12	" " " Colmar	" -.45	" 5.40
6	" flach " "	" -.50	" 3.00
1	Platte tief " "	" -.80	" 0.80
1	Bierkrug		" 1.30
1	Schale gelb		" 0.60
1	Krug (Kopf)		" 2.50
	Transport		" 25.50

Reklamationen werden nur innerhalb 14 Tagen nach Empfang der Waren berücksichtigt. Leere Kisten werden in gutem Zustande und bei Franko-Retournierung zum berechneten Preise gutgeschrieben.

Zahlungen sind nur direkt an uns zu leisten. — Erfüllungsort für beide Teile ist Freiburg i. B.

ABBILDUNGSVERZEICHNIS

Alle Abbildungen sind aus dem Privatbesitz von Hans R. Kricheldorf außer:

S. 22 Matthäus Seutter: Grund Riß der Stadt und Vestungen Freiburg im Brisgau, ca. 1730, gemeinfrei: www.commons.wikimedia.org.

S. 36 Rudolf Follenweider: Die Wiehre mit St. Cyriak und Perpetua, 1820, Aquatintaradierung, gemeinfrei: www.commons.wikimedia.org.

S. 37 Joseph Wilhelm Lerch: Freiburg im Breisgau, Vogelschauplan von Osten, 1852; Stadtarchiv Freiburg, Kat.-Nr. 103, gemeinfrei: www.commons.wikimedia.org.

S. 63 Gerhart von Schulze-Gaevernitz: Anonym – Bureau des Reichstags (Hg.): Reichstags-Handbuch. 13. Legislaturperiode, Berlin 1912, S. 503, gemeinfrei: www.commons.wikimedia.org.

S. 91 Musikhaus Ruckmich aus: Ingrid Kühbacher: In Freiburg bekannt. Freiburg 2009, S. 65.

S. 71 Geschäftshaus Fabel aus: Ingrid Kühbacher: In Freiburg bekannt. Freiburg 2009, S. 65.

S. 86 Zeitungshaus »Freiburger Zeitung« aus: Ingrid Kühbacher: In Freiburg bekannt. Freiburg 2009, S. 100.